4° S 718

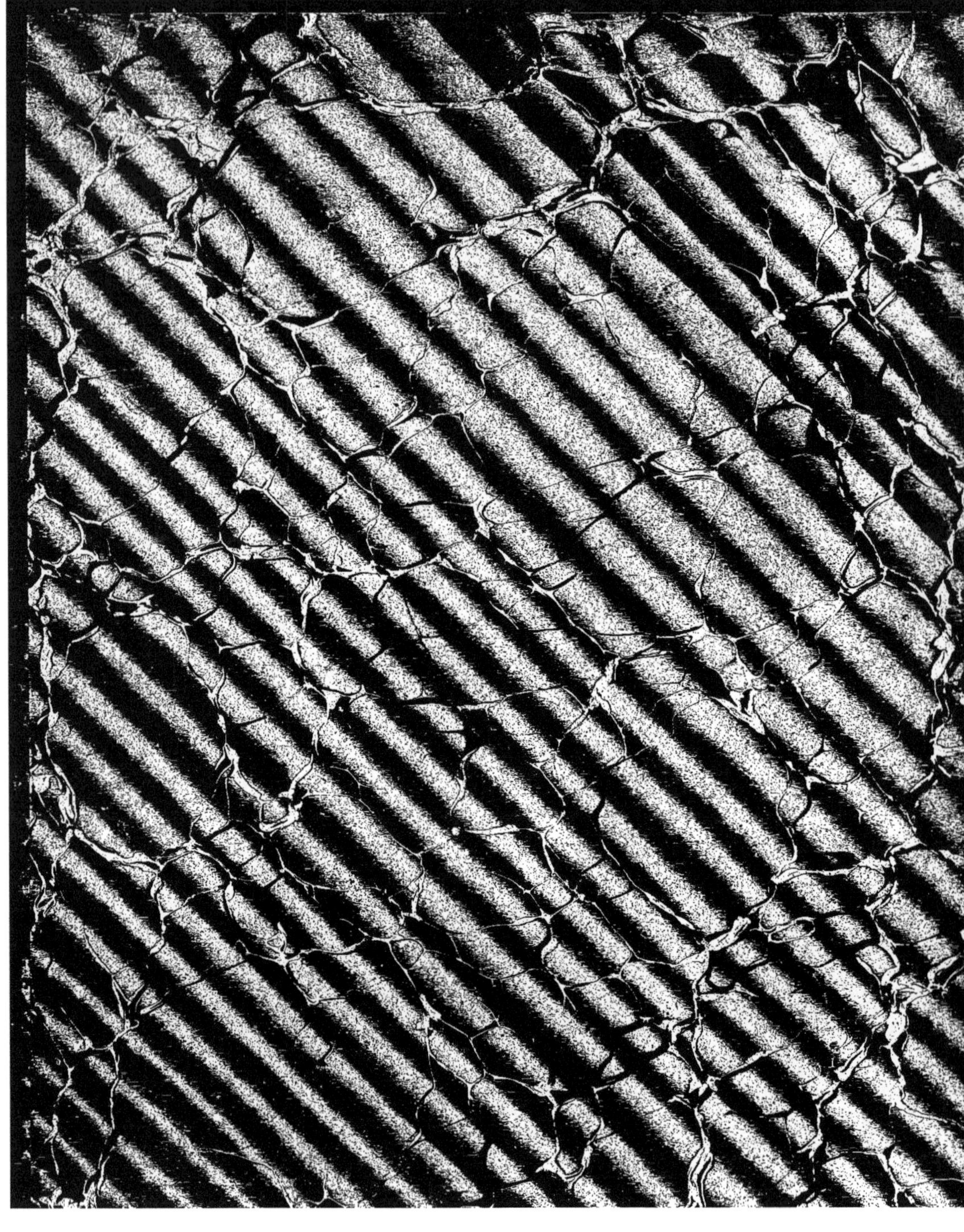

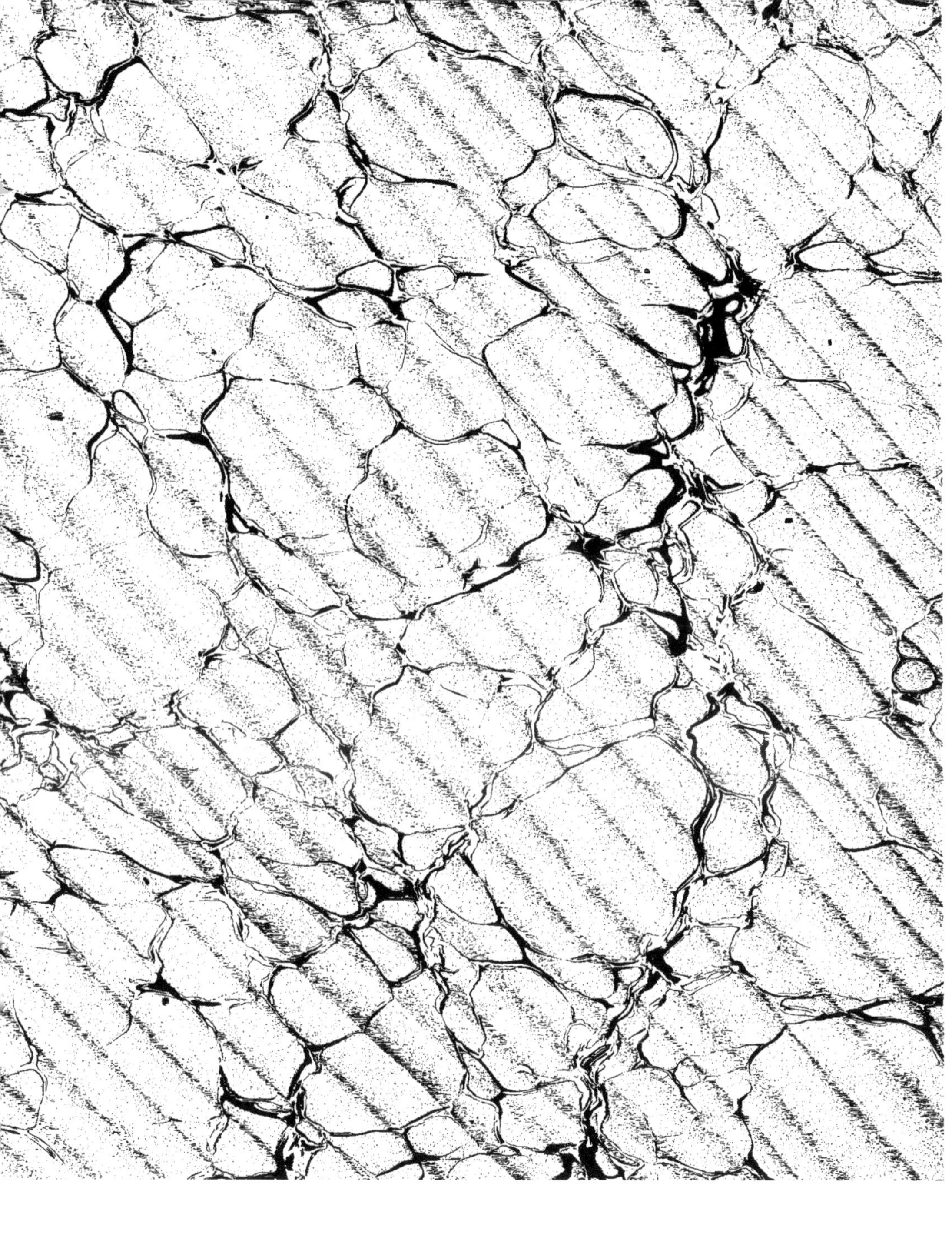

8°
S
718

Percaline

Articles publiés dans le *Journal de l'Oise*

par le F^re ANTONIS

de l'Institut Agricole de Beauvais.

1743

CAUSERIES AGRICOLES

Conserver la couverture 30 88

1884-1885.

BEAUVAIS.

Imprimerie D. PERE, rue Saint-Jean.

Dépôt de vente : H. TRÉZEL, 19 et 21, rue Saint-Pierre.

CAUSERIES AGRICOLES

8° S
718

Articles publiés dans le *Journal de l'Oise*

par le F^re ANTONIS

de l'Institut Agricole de Beauvais.

CAUSERIES AGRICOLES

1884-1885.

BEAUVAIS,

Imprimerie D. PERE, rue Saint-Jean.

Dépôt de vente : H. TRÈZEL, 19 et 21, rue Saint-Pierre.

CAUSERIES AGRICOLES

I.

Concours Hippique du 2 août 1884.

Tous ceux qui suivent avec attention le concours hippique qui se tient chaque année, à Beauvais, sont heureux de constater, comme nous, que l'Administration des Haras, secondée par les bons éleveurs des environs, a contribué pour une bien large part aux progrès sensibles qui se manifestent dans la production et l'élevage du cheval dans l'arrondissement.

Les mésalliances sont rares aujourd'hui, grâce à la disparition d'étalons rouleurs qui ne convenaient qu'à une certaine catégorie de juments.....

Les bêtes trop vieilles, difformes ou tarées ont à peu près disparu depuis deux ans; une poussive s'est encore glissée dans le nombre et a obtenu un 12e ou 13e prix..... Bientôt, espérons-le, nous ne verrons que des juments irréprochables, lesquelles alliées à des étalens de choix que voudra toujours fournir le dépôt des Haras de Compiègne, donneront des produits qui pourront tous figurer avec honneur dans les concours, si, d'autre part, l'élevage continue à se faire dans des conditions rationnelles.

Tout dernièrement encore nous avons été témoin d'un concours semblable dans un chef-lieu de canton de la Normandie. Nous espérions voir là des centaines de juments de choix et autant de poulains dignes de ce pays d'élevage; nous avons compté en tout 7 poulinières suitées et 8 saillies à la dernière monte !....

A Beauvais, les concurrents étaient bien plus nombreux que jamais dans toutes les catégories. Nous voudrions voir établir plus d'ordre dans le classement sur le champ du concours. Pourquoi ne pas mettre quelques poteaux indicateurs pour désigner la place de chaque catégorie ? Les membres du jury pourraient parcourir les rangs, prendre, sur chaque bête classée, des notes, des renseignements qui simplifieraient leur délicate besogne au moment de la présentation. Le public jugerait mieux de l'ensemble, puis s'intéresserait plus au détail. C'est un petit perfectionnement que nous verrons sans doute réaliser l'année prochaine.....

Comme de coutume, le concours était divisé en cinq catégories. A cause du grand nombre d'animaux à examiner, le jury s'était partagé en deux sections :

D'une part, MM. de la Motte-Rouge, inspecteur des Haras ; de la Rochepouchain, commandant à la remonte du Bec-Helloin ; le colonel Aubry, conseiller d'arrondissement ;

D'autre part, MM. de Cossigny, directeur du dépôt de Compiègne ; Delannoy, Tourly-Godin et Dubus.

Les juments de demi-sang composaient la première catégorie.

Emotion, à M. Obré, d'Elencourt, a remporté le 1er prix ; c'est une bête connue dans les concours et qui a fait ses preuves sur plusieurs hippodromes.

Le 2e prix, à M. Boulnois, de Sarcus, pour sa belle jument rouane *Imprévue*. C'est le 1er prix de Saint-Quentin et de plusieurs autres concours importants. Elle fait vraiment honneur aux écuries de cet habile éleveur de l'Oise. Elle n'était pas suitée ; cependant elle nourrit ; un accident, constaté par le Jury, nous a empêché d'admirer le produit remarquable qu'elle a dû donner.

Le 3e prix revenait bien à *Gitana*, de M. Obré ; elle a la croupe un peu horizontale, le rein moins bien attaché que *Emotion* ; mais elle trotte élégamment et vite. Son propriétaire d'ailleurs est habile et léger à la course ; on le voit toujours avec plaisir marquer le pas avec les bêtes qu'il présente ; vraiment, soit dit sans plaisanterie, il pourrait concourir avec l'homme *Locomotive*. Nos félicitations à ces deux éleveurs du canton de Grandvilliers.

M. Courty, de Mothois, a présenté aussi une jument de beaucoup de valeur ; elle lui a mérité un 4e prix, 300 francs. C'est la première fois que nous voyons ce jeune et habile agriculteur affronter le concours hippique à Beauvais ; nous espérons bien le voir encore remporter de plus brillants succès. Il a tout ce qu'il faut pour cela.

M. Poyer, de Saint-Germer, a des types de juments comme nous voudrions en voir beaucoup autour de Beauvais ; ce sont de vraies anglo-normandes ; elles ont du coffre, des membres sains et solides, de la distinction et des allures. C'est lui qui a obtenu le 6e prix avec sa jument *Cocotte*.

Viennent ensuite M. Dupuis, de Grandvilliers, l'Institut agricole, M. d'Hardivillers, de Bernapré, qui a obtenu le 9e et le 10e prix.

Enfin, *Fend-l'Air*, à M. Trouille, de Dargies, admirée et primée au dernier concours comme pouliche de 3 ans saillie, n'obtient qu'un 11e prix ; c'est une jeune jument noire fort élégante, à belles allures ; mais elle manque de bases comme poulinière.

Nous avons entendu exprimer le regret, et nous l'avons partagé, qu'un certain nombre de poulains de cette catégorie, notamment dans quelques premiers prix, n'annonçaient pas les qualités de leurs mères. Ce n'est pas une petite affaire que de savoir donner à une jument le reproducteur qui lui convient pour avoir des produits remarquables....

Le vœu que nous formulions l'année dernière en pareille circonstance, s'est réalisé; la catégorie des pouliches de 3 ans saillies, était relativement nombreuse et composée de bonnes bêtes.

Alerte, à l'Institut agricole, a gardé sa place d'honneur. Nous espérons que le 1er prix de 300 fr. n'est pas son dernier succès; c'est la favorite du frère Eugène et c'est tout dire.

Flora, au même propriétaire, conserve aussi le quatrième rang comme au dernier concours des pouliches de 2 ans. C'est un produit d'une bête de trait toujours primée, avec *Witchfort*, l'étalon trotteur de la FERME DU BOIS, lequel n'a pas été assez apprécié. Les quelques produits qu'il a donnés sont tous remarquables, sinon par des formes très élégantes, au moins par des membres solides et des allures rapides, ce qui n'est pas indifférent!...

Dans cette même catégorie, M. Boulnois a eu un 2e prix pour une jeune jument qui deviendra, nous l'espérons, la *mine d'or* de son écurie.

M. FAMIN, de Saint-Just, et M. le baron DE CORBERON viennent ensuite; les deux jeunes juments qu'ils présentent gagneront des places au prochain concours, s'il ne leur arrive pas accident; car elles sont taillées pour faire de bonnes poulinières.

Les pouliches de trait de 3 ans saillies n'étaient pas nombreuses et leurs propriétaires avaient négligé de se mettre en règle pour concourir; nous le regrettons, car nous connaissons dans cette catégorie des bêtes de beaucoup de valeur et qui auraient eu du succès.

Les juments de trait doivent intéresser particulièrement les cultivateurs; nous voudrions encore voir plus de primes pour cette catégorie.

M. DAMONNEVILLE, de Feuquières, a enlevé le 1er prix, 300 fr., avec une jument blanche, aux ouvertures naturelles ladres, ce qui lui donne une singulière physionomie. — Cependant c'est une belle bête, à membres solides, aplombs remarquables. — Son poulain a beaucoup d'avenir.

Viennent ensuite les juments de MM. PRESCHET, DEBRIE, FOLLET, VARIN. Celle de ce dernier est une bête à phénomène; en effet son poulain, de *Rouleur*, excitait la curiosité de tout le monde; il a 5 mois et possède déjà une ouverture de poitrine que nous avons eu la curiosité de mesurer (0,55c). Tout le reste est à l'avenant; M. Varin se propose de garder cette énorme pouliche pour le travail et la reproduction; malheureusement, elle a la tête de mulet.

En résumé, bon concours. Félicitations aux heureux vainqueurs!... meilleure chance à quelques bons éleveurs — et rendez-vous à tous l'année prochaine au concours régional!

II.

De l'Ensilage des Fourrages verts.

En acceptant une modeste collaboration au *Journal de l'Oise* pour la partie agricole, nous avons obéi à deux sentiments.

D'abord on parle volontiers de ce que l'on aime, et nous aimons d'autant plus l'agriculture qu'elle est souffrante et lutte énergiquement contre le mal qui l'étreint. Puis nous avons pensé qu'il fallait faire quelque chose pour elle, et si en apportant notre faible contingent de lumières et d'encouragements nous pouvions contribuer à faire revivre l'ère de prospérité agricole, notre ambition serait pleinement satisfaite.

Les sujets agricoles intéressants ne manquent pas ; il n'y a que l'embarras du choix. Mais il nous a paru bon de nous occuper avant tout de quelques questions d'actualité qui doivent particulièrement attirer l'attention de tout cultivateur ami du progrès.

Après les travaux de la moisson on s'occupe de la récolte des *regains* ; n'est-ce pas le moment de parler d'un procédé de conservation qui a déjà donné des résultats très satisfaisants : *l'Ensilage des Fourrages verts.*

L'ensilage consiste à réunir en masses plus ou moins considérables des denrées agricoles dans un espace restreint appelé *silo* pour être ensuite livrées à l'alimentation.

Cette opération générale n'est pas nouvelle ; elle remonte à la plus haute antiquité. On trouve encore aujourd'hui en Afrique et dans l'Inde des silos qui datent de plusieurs siècles et dans lesquels les graines de céréales sont parfaitement conservées.

Quelques personnes pensent même que le blé connu sous le nom de *Pharaon* aurait été trouvé dans une *momie* d'Egypte, et par conséquent aurait une antiquité fabuleuse?....

Les Arabes construisent toujours dans le désert des silos en forme d'énormes bouteilles. Pendant nos glorieuses campagnes d'Afrique, nos soldats victorieux étaient dressés à la recherche et à la découverte de ces greniers souterrains qui leur procuraient une facile et abondante subsistance.

On cite surtout le brave *Lamoricière* comme ayant dressé ses *zouaves* à cette chasse d'un nouveau genre.

Mais la méthode de conservation de fourrages verts, gorgés d'eau, est beaucoup moins ancienne. C'est un Allemand, du nom de Klapmayer, qui, le premier, en Europe, a essayé ce mode d'ensilage ; puis sont venus, peu de temps après, le célèbre agronome Thaër ; l'agriculteur-raffineur de Stuttgard, Reilhen, etc., etc.

Elle prend de nos jours une très grande extension et doit rendre d'immenses services à l'agriculture, grâce à des hommes éminents qui l'ont pratiquée avec le plus grand succès et ont fait publier les résultats remarquables qu'ils ont obtenus. Il suffit de citer : *Goffard*, *Tarneaud*, *de Chézelles*, etc., etc.

Les procédés d'ensilage employés jusqu'à ce jour peuvent se réduire à deux : Ou bien on réunit le fourrage en tas à la surface du sol, ou bien on le met dans des fosses rectangulaires creusées dans un sol sain. Ces deux méthodes peuvent se pratiquer dans la prairie même ou à proximité de la ferme.

Par le premier système, dit *système Tarneaud*, on entasse le fourrage par couches obliques jusqu'à une hauteur de 1^{m} 50 à 2 mètres, puis on entoure le tout de 40 à 50 centimètres de terre. Des murs peuvent remplacer avantageusement la terre ; mais cela est plus coûteux.

Le mode le plus usité consiste à creuser en terre saine une fosse rectangulaire de

2 mètres de largeur, 1 mètre à 1^m 50 de profondeur et d'une longueur en rapport avec la quantité d'herbe à conserver. Les parois doivent être lisses, verticales plutôt qu'obliques ; la maçonnerie cimentée ne nuit pas, mais coûte plus cher ; les angles peuvent être arrondis.

Quel que soit le genre de silo adopté, il est *essentiel* qu'il satisfasse aux conditions suivantes : 1° que le fourrage soit à l'abri du contact de l'air atmosphérique ; 2° qu'il soit soustrait à l'action des eaux pluviales et souterraines.

Nous dirons tout à l'heure les précautions à prendre pour arriver à éviter ces deux inconvénients.

Quelles sont les plantes que l'on peut soumettre à l'ensilage ?

Tous les fourrages verts peuvent être ensilés : maïs, trèfle, luzerne, sainfoin, vesce, seigle, herbes des prairies naturelles, etc. On doit couper les fourrages que l'on veut ainsi conserver quand ils sont en pleine végétation ou en pleine fleur. Il faut les mettre en silo dès qu'ils sont fauchés ; le mauvais temps ne doit point empêcher ou retarder l'opération. Nous avons nous-même mis du fourrage en fosse par une pluie battante et la conservation a été parfaite. Un des meilleurs moment pour bien réussir est le matin ou le soir à la rosée.

Ceux qui pratiquent aujourd'hui l'ensilage en grand, hachent tous les fourrages ; cela augmente le prix de la main-d'œuvre ; mais le tassement se fait mieux et la conservation est plus certaine. Chez M. de Chézelles, au Boulleaume (Oise), qui conserve ainsi la récolte de quatre-vingts hectares, il y a un puissant hache-maïs de l'usine de M. Albaret ; il est mû par une machine à vapeur qui se déplace en même temps que lui le long d'un immense silo maçonné afin de distribuer également les fourrages hachés. Ce même instrument fonctionne chez M. Lecouteux, à Cerçay (Loir-et-Cher), et chez d'autres agronomes, amis du progrès.

Mais le hachage n'est pas indispensable ; nous avons vu maintes fois pratiquer l'ensilage dans les conditions ordinaires, les plantes étant conservées dans toute leur longueur, et le résultat a toujours été satisfaisant quand on a pris les précautions indiquées. On a demandé s'il était bon de mélanger des substances sèches aux herbes vertes ? l'expérience a prouvé que cela nuisait à la conservation. Quant au sel, il n'est pas indispensable ; mais il augmente la qualité et rend plus appétissants des fourrages de valeur médiocre ; on peut en mettre environ 5 kil. par 1,000 kil. d'herbe verte.

Quelles que soient la place et la forme du silo, le résultat final dépend beaucoup de l'emmagasinage. Il faut bien répandre régulièrement les grosses fourchées ou rondelles que l'on décharge des voitures ; pour un déchargeur, il faut quatre ou cinq personnes pour épandre, piétiner, tasser surtout sur les bords et d'autant plus que les tiges sont plus grosses et plus longues, de manière qu'il n'y ait pas d'interstices. Il est nécessaire de procéder à l'emplissage du silo dans l'espace de deux ou trois jours ; s'il est très long, il faut recouvrir les diverses sections dès qu'elles sont terminées. Mais nous préférons des silos moyens qui puissent se remplir en peu de jours.

Il a été reconnu qu'il faut un poids d'au moins 500 kil. par mètre carré pour opérer un bon tassement ; on peut mettre des madriers que l'on charge d'objets lourds ; puis le second tassement s'obtient par 40 à 50 centimètres d'épaisseur de terre qui empêche en même temps l'air de pénétrer dans la masse. Si le silo n'est pas abrité par une toiture, on ajoute de la terre en forme triangulaire afin de permettre aux eaux pluviales de s'écouler dans des fossés que l'on creuse de chaque côté.

Une des meilleurs places pour *silo* serait un hangar, une grange ; puis après avoir recouvert d'un peu de terre, mettre les gerbées, le foin, la paille ou toute autre denrée qui servirait ainsi au tassement.

C'est le mode le plus sûr et celui qui occasionne le moins de frais ; car ces bâtiments servent à deux fins ; puir on est à l'abri pour ensiler et pour prendre le fourrage.

Au bout de quelques jours, la masse entre en *fermentation*, c'est-à-dire que les substances sucrées qui se trouvent dans les plantes se transforment en alcool; c'est la *fermentation alcoolique*. En cet état, le fourrage conserve ses propriétés alibiles; mais si elle était remplacée par la fermentation *acide*, il se produirait un corps qui aurait des propriétés nouvelles bien différentes, et, enfin, si la fermentation *putride* succédait à cette dernière, la substance deviendrait infecte et impropre à la consommation. L'odeur de miel ou de pain d'épices que l'on sent quand on s'approche de ces silos est l'indice de la première fermentation, la seule qui doive se produire pour que le fourrage conserve et augmente ses qualités nutritives.

On ne doit pas attaquer les silos avant deux mois écoulés depuis leur confection. Quel est l'aspect, la consistance, l'odeur des fourrages ensilés bien conservés? Les luzernes, les trèfles brunissent un peu, quelquefois restent verts et intacts comme s'ils venaient d'être fauchés; les foins de prairies naturelles blanchissent ordinairement; les feuilles de choux et de betteraves noircissent et paraissent pourries. Le tout est en une masse humide très serrée, s'enlevant par plaques; l'odeur est vineuse, mielleuse, très persistante; exposés à l'air pendant plusieurs jours, ces produits passeraient à la fermentation putride et deviendraient malsains. Aussi ne faut-il découvrir les silos qu'à mesure des besoins et prendre du haut en bas, laissant la partie non entamée parfaitement chargée et recouverte de terre.

Les animaux mangent-ils bien ces fourrages ainsi conservés? Tous les animaux des espèces bovine et ovine les mangent avec avidité. Nous avons vu des vaches, au sortir de l'étable, se diriger immédiatement vers le silo et vouloir s'y précipiter. Les chevaux s'y habituent assez difficilement et nous pensons que ces fourrages leur conviennent moins. Les porcs les mangent également très bien. Dans la distribution, quelques cultivateurs les mélangent avec des foins de paille, des menues-paille. Cela n'est pas nécessaire, mais peut contribuer à le faire mieux manger au commencement.

Les effets produits sur les animaux sont à peu près les mêmes que ceux des nourritures vertes, tant pour la quantité et la qualité du lait que pour l'engraissement. Dans un rapport lu à la *Société des Agriculteurs de France*, relatant des expériences nombreuses faites sur des vaches laitières, il a été conclu *que l'on peut avantageusement et économiquement remplacer poids pour poids des racines saupoudrées de 500 grammes de tourteaux par le produit de l'ensilage et que la production en lait et surtout en beurre est en faveur de ce dernier.*

Citons, en terminant, le résultat d'une analyse faite par un chimiste compétent:

	Fourrage frais.	ensilé.
Humidité	821.45	731.19
Matières azotées	26.37	38.87
Matières grasses	21.07	13.07
Amidon et cellulose digestibles	27.06	31.18
Cellulose insoluble	85.28	160.42
Sels	18.77	22.27
	1.000.00	1.000.00

En consultant ces deux tableaux, nous remarquons que l'humidité est beaucoup moindre dans le produit de l'ensilage. La matière grasse a aussi diminué dans ce dernier; mais les autres substances ont augmenté dans des proportions considérables et notamment les matières azotées.

En résumé, nous devons encourager les cultivateurs à suivre l'exemple d'un grand nombre de leurs collègues et amis qui n'ont pas lieu de se repentir d'avoir adopté la méthode d'ensilage. Nous les engageons à faire eux-mêmes l'expérience en petit, mais dans les meilleures conditions indiquées, et alors ils seront obligés de conclure avec nous que:

1° Cette méthode demande moins d'espace et de temps que la méthode ordinaire;

2° Que l'on peut la pratiquer en tout tout temps;

3° Qu'elle s'applique à toutes les plantes vertes; qu'il n'y a aucune perte;

4° Economie considérable de main-d'œuvre;

5° Le produit a une grande valeur pour l'alimentation du bétail;

III.

Importance de la Pomme de terre. — Sa Récolte. Sa Conservation.

Nous n'hésitons pas à dire que dans beaucoup d'exploitations rurales la culture de la pomme de terre est une des plus simples et des plus lucratives.

Son emploi dans l'alimentation de l'homme, des animaux et dans l'industrie ne permettent pas de douter que ses produits ne soient toujours rémunérateurs.

Beaucoup de terres, médiocres pour d'autres plantes, conviennent parfaitement à la pomme de terre. Après des expériences nombreuses et suivies pendant vingt-cinq ans à l'Institut agricole, nous avons acquis la certitude qu'on peut arriver, avec des variétés choisies, à des rendements considérables. En grande culture, nous avons rarement obtenu moins de 20,000 kilog. avec les *Red'skinned*, le *Semis de l'Institut*, la *Brésée's prolific*, la *Van der Veer*, le *Chardon perfectionné*, etc., et nous avons souvent dépassé 25 et 30,000 kilog.; ces mêmes expériences, faites en maints endroits, ont donné des résultats analogues; les *Annales agronomiques* en font foi.

Dans l'alimentation de l'homme, elle rend d'immenses services; on peut dire qu'elle devient presque indispensable!... Aussi quel est le petit ménage qui, disposant de quelques mètres de terre, ne plante quelques touffes de pommes de terre à côté de ses dahlias, de ses rosiers, de ses géraniums, etc. Celles-là sont bien meilleures que celles du marché!...

Quoique la composition de la pomme de terre soit complexe, elle ne peut suffir rigoureusement pour la nourriture de l'homme. L'élément principal est la *fécule* ou matière *amylacée*. Mélangée avec les substances azotées de la viande, elle donne alors les meilleurs résultats dans l'alimentation. Puis l'art culinaire n'a-t-il pas fait des progrès aussi surprenants que la civilisation?... Et si l'illustre *Parmentier*, le propagateur de cette précieuse solanée, a pu obtenir 40 plats savoureux et différents dans son historique et fameux déjeûner, à Paris, en 1786, les cordons bleus d'aujourd'hui doivent pouvoir doubler le nombre avec ce précieux tubercule!... Personne n'ignore, en effet, que c'est *un mets à toutes sauces!*...

Fi! aux haricots, aux pois, etc., et vive la pomme de terre!... disent les gourmets.

Toutes les espèces animales, communes dans nos fermes consomment la pomme de terre avec goût et profit, soit seule ou mélangée avec des farines et des sons. Les animaux la mangent mieux cuite que crue. Ainsi distribuée aux bœufs, aux porcs, aux volailles à l'engrais, elle les met vite en chair et leur donne rapidement du poids et de la qualité.

L'industrie tire aussi un très bon parti de la pomme de terre dans la distillerie, mais surtout dans la féculerie. C'est par plusieurs millions de kilogrammes qu'elle est travaillée à Cathenoy, à Chevrières, à Persan-Beaumont et ailleurs.

L'époque de maturité de la pomme de terre est assez différente suivant le climat, le terrain et surtout la variété. Les unes, telles que : *Marjolin*, *Early rose*, *Quarantaine*, *Brésée's profilic*, etc., mûrissent de bonne heure, juillet-août; d'autres, telles que : *Red'skinned*, *Institut de Beauvais*, *Magnum bonum*, *Saucisse*, etc., mûrissent un peu plus tard, fin d'août et septembre. Enfin, il y a des variétés dites *tardives*, qu'on ne doit récolter qu'en septembre et octobre ; telles sont : *Van der Veer, Chardon, Merveille d'Amérique, Seguin, Paterson's Victoria*, etc.

On reconnaît que la pomme de terre est mûre quand les tiges sont fanées naturellement et non par suite d'une maladie que tout le monde connaît sous le nom de *Frisolée.* Alors les tubercules ont leur grosseur normale ; ils se détachent bien. Quand les fanes sont atteintes de la maladie, on conseille de les couper aussitôt ; ordinairement le tubercule est ainsi préservé et se conserve.

Dans les années de sécheresse, comme celle qui s'écoule, les pommes de terre sont souvent arrêtées dans leur végétation ; quand vient ensuite la fraîcheur, elles repoussent, donnent des rejetons, le premier tubercule devenant ainsi *mère*, n'a que peu de qualités nutritives. Dans ce cas, il faut mieux récolter de bonne heure.

L'arrachage demande beaucoup plus de soins qu'on n'en prend généralement. Il peut se faire à la main ; avec une fourche, une pioche ou un bident, on soulève la touffe, on la secoue. Il est plus expéditif de les arracher à la charrue ordinaire. L'instrument passe sous la ligne, renverse les pieds et met le tubercule à découvert.

Mais il existe une arracheuse de pommes de terre qui exécute ce travail dans de parfaites conditions. Cet instrument, à soc double et plat, porte deux oreilles inclinées et divisées de manière à laisser passer la terre et à retenir les tubercules pour le mettre à jour à droite et à gauche ; en arrière se trouve une queue, en forme de fourchette très évasée, pour empêcher les pommes de terre qui tombent dans la raie d'être recouvertes.

Cette arracheuse dite *Howard*, vendue par la maison Amiot, de Bresles, Pilter, de Paris, et beaucoup d'autres constructeurs ou marchands, se transforme en *butteur* qui fonctionne très bien.

Il ne faut jamais rentrer de pommes de terre mouillées ou même humides ; on doit toujours les laisser se ressuyer sur le sol ou sous un hangar. On peut procéder au triage sur le champ. Une personne ramasse les plus grosses pour la consommation ou la vente ; une autre prend les moyennes, celles qui sont bien saines et de variété bien définie, les met à part pour la semence ; une troisième ramasse les petites, qui seront consommées par les animaux.

Malheureusement il y a souvent des tubercules gâtés ou un peu atteints par la maladie. Les premiers doivent être absolument rejetés ; les autres, soumis à la cuisson et mélangés à de la farine, du son et du sel, sont bien mangés par les porcs. Il faut aussi livrer à la consommation prochaine ceux qui ont été froissés ou blessés, car ils se gardent très difficilement.

Les pommes de terre se conservent ordinairement dans des caves saines, par tas peu considérables.

Dans certaines contrées, on les met au centre des meules de blé ou de paille. Ils se conservent très bien aussi dans de simples silos creusés en terre saine, pourvu qu'on empêche l'eau et l'air d'y pénétrer. On peut également les mettre dans des granges, sous des hangars, au au milieu de menue-paille très sèche qui les abrite contre le froid.

Si des tubercules viennent à être gelés, il ne faut pas les laisser perdre ; on les plonge dans de l'eau fraîche ; ils dégèlent lentement ; quand ils sont ressuyés, on peut les livrer à la consommation pendant plusieurs jours ; ou bien les couper, les faire dessécher à l'étuve ou dans un four ; on les conserve ainsi longtemps et ils sont excellents pour la consommation.

IV.

Quelques bonnes variétés de Pommes de terre.

Voilà longtemps que nous suivons avec une vive attention et un grand intérêt les études scientifiques expérimentales que le frère Eugène-Marie, l'éminent directeur de l'Institut agricole, poursuit depuis plus de vingt ans et qui lui ont valu les plus flatteux éloges.

Trois cents variétés sont plantées et cultivées avec soin. Sept variétés de semis de graines de l'année dernière vont être ajoutées aux précédentes, si elles présentent des caractères bien tranchés et fixes.

Parmi ce grand nombre, celles qui ont constamment donné les meilleurs résultats à tous les points de vue, ont été mises à l'épreuve sous d'autres climats, dans d'autres terrains, et nous n'avons admis en grande culture et ne voulons mettre en évidence que les variétés d'une valeur incontestable.

D'autre part, personne n'ignore que le rendement et la qualité d'une pomme de terre quelconque dépendent, non-seulement de la variété, mais de la nature du sol et du mode de culture.

Des études sérieuses ont été faites également sur l'époque du semis, la distance, la profondeur, le buttage ou le non buttage, etc... Les résultats de ces nombreuses expériences sont consignés dans les *Annales de l'Institut agricole.*

Nous avons adopté de préférence, pour la consommation culinaire, les variétés qui ont la plus belle forme, le plus de qualités nutritives, qui sont d'un plus grand rapport, et enfin celles qui se conservent le mieux.

Parmi les variétés hâtives, nous indiquons : *Early favorite*, *Early rose*, la *Marjolin têtard*, et surtout la *Brésée's prolific*, pour la grande culture.

Cette dernière, encore peu connue, mérite d'être divulguée. Depuis plusieurs années, semée en grand à la ferme de l'Institut, elle a toujours donné un bon rendement; à la récolte de 1884, elle a fourni 25,000 kil. à l'hectare, de beaux tubercules un peu aplatis, à chair jaunâtre et de bonne qualité.

Dans les demi-hâtives, nous mettrons en première ligne celle dite *Institut de Beauvais*, provenant d'un semis déjà ancien, étudié avec une minutieuse attention. Maintenant elle est fixée et donne depuis cinq ou six ans de très-forts rendements. — A la dernière récolte, les pesées faites avec la plus scrupuleuse exactitude, ont accusé 47,000 kil. à l'hectare, en grande culture. C'est une des plus résistantes à la maladie; les tubercules sont gros, à chair blanche de bonne qualité.

Citons encore : la *Magnum bonum*, la *Mecklembourgeoise, semis farinosa.*

Dans les tardives, nous signalerons surtout :

Red skinned flourball, de couleur rouge, à peau un peu rugueuse, forme demi-oblongue, yeux peu enfoncés; elle ne donne que de gros tubercules qui vivent tout près de la tige; elle est farineuse et de bonne conservation. Son rendement à l'Institut a varié entre 25 et 35,000 kilog. à l'hectare.

Forster's early speak blow a de gros tubercules très-sains; les yeux sont un peu enfoncés.

La *Champion* fournit beaucoup de tubercules de bonne qualité, mais ordinairement petits.

Nous laissons de côté la *Chardon* et la *Van der veer* qui pourrissent trop facilement et n'ont guère de qualités pour la consommation culinaire.

La plupart de ces variétés sont vendues par les grainiers et horticulteurs de Paris et des environs : MM. Vilmorin, Delaville, Forgeot, Paillet, Mahieux, etc.

Cependant le *semis de l'Institut* n'est pas encore dans le commerce.

Nous ne voulons pas être marchands de pommes de terre ; mais comme beaucoup de personnes, ayant suivi, par la lecture des *Annales*, les études à l'Etablissement, ont exprimé le désir d'expérimenter les meilleures variétés, nous pouvons céder :

Semis de l'Institut à 20 fr. les 100 kil.
Brésée's profilic... 15 ——
Red skinned...... 13 ——

Le tout livré en gare de Beauvais et par quantité d'au moins 50 kil. Nous pourrons faire des concessions à ceux qui voudraient en prendre une quantité considérable.

V.

Récolte et Conservation de quelques Racines fourragères. Betteraves, Carottes.

De même que la pomme de terre, les racines fourragères ont leur époque de maturité. Dans la région du nord, les betteraves sucrières s'arrachent dans la deuxième quinzaine de septembre ou première quinzaine d'octobre. Récoltées plus tôt, elles sont moins riches et leur composition est moins uniforme. Par des analyses nombreuses et précises faites sur une excellente variété aux dates suivantes :

	30 juin.	30 août.	30 sept.
On a obtenu : eau,	89.20	83.20	75.20
— sucre,	4 »	9.62	15 »

BETTERAVE.

Les betteraves fourragères proprement dites se récoltent dans le courant d'octobre. D'ailleurs, si l'arrachage se fait trop tard, on compromet la culture du blé qui suit ordinairement celle des plantes sarclées.

Cette opération se fait à la main ou à l'arracheuse. Armés d'une petite fourche à deux dents et à manche court, les ouvriers soulèvent la racine d'une main et de l'autre ils la secouent et la mettent en ligne. Les Belges se servent de préférence d'un bident; ils arrachent la betterave en piochant. Ce procédé est un peu plus rapide, mais la racine est trop souvent cassée à la pointe; il en résulte des pertes regrettables.

Les arracheuses les plus en usage sont celles de *Bajac-Delahaye*, *Olivier-Lecq* et *Candelier*. La première a un soc en forme de fourche. Il est relié au suivant par une large mais mince plaque de fer battu. A la place du coutre est une palette oblique qui renverse la betterave soulevée par le soc. Dans celle de M. Olivier, le soc est composé de deux pointes écartées et recourbées en avant et se rapprochant en arrière; en passant sous la ligne de betteraves, celles-ci se trouvent déracinées complètement, mais restent debout à la surface du sol. L'arracheuse de M. Candelier, de Bucquoy (Pas-de-Calais), diffère peu des précédentes. Ainsi le travail est fait beaucoup plus rapidement qu'à la main; mais la terre est un peu défoncée et le débardage devient parfois difficile. On a essayé d'adapter à ces instruments des coupe-collets, mais les résultats n'ont pas été satisfaisants. Les betteraves, en effet, n'étant pas également sorties de terre, les unes sont imparfaitement décolletées, les autres le sont trop.

Le décolletage se pratique donc à la main, au moyen d'une faucille, d'une hachette ou même d'un couteau. Quelques ouvriers ingénieux disposent les racines en lignes bien régulières au moment de l'arrachage, la tête du même côté; puis avec une bêche bien tranchante ils enlèvent rapidement les collets. Pour les betteraves sucrières, cette opération doit se faire avec beaucoup de soin ou bien le cultivateur s'expose à supporter à l'usine des tares considérables. C'est là que le fabricant de sucre se dédommage du peu de richesse des racines; nous avons été témoin de tares qui dépassaient 50 0/0... Les betteraves sont ensuite mises en tas coniques de 4 à 500 kil., que l'on recouvre de feuilles. Il s'opère bientôt une première fermentation qui les sèche et les prépare à mieux se conserver. Quelques jours après on les transporte à la sucrerie, à la bascule, ou dans les silos de la ferme.

Les terres parfois détrempées par les premières pluies d'automne, rendent le transport difficile et onéreux. Les attelages dépensent souvent beaucoup de forces, se fatiguent et se tarent trop fréquemment dans ces travaux dits de *débardage*. Dans les grandes exploitations on emploie avec avantage un système encore peu ancien mais qui a donné de magnifiques résultats économiques; nous voulons parler des petits chemins de fer à voie étroite et des wagonnets de M. *P. Decauville,* de Petit-Bourg (Seine-et-Oise). Les immenses progrès de ce vaste établissement prouvent que son outillage est déjà très apprécié, non seulement dans la culture, mais dans beaucoup d'industries, dans le génie, la marine, etc., etc. Fondé en 1876, il compte aujourd'hui près de 3,000 clients, occupe 800 ouvriers dans des ateliers qui comprennent une étendue de 7 hectares. Tout à côté, dans une ferme de 450 hectares, où a été essayé avec succès le premier labourage à vapeur (système Fowler) et où il continue toujours à fonctionner, tous les appareils de transports destinés à l'agriculture sont éprouvés et mis en usage. Nous sommes revenu émerveillé d'une visite que nous avons faite dans les immenses ateliers de Petit-Bourg. Là règnent un ordre et une activité admirables; tout y dénote une organisation parfaite, une direction énergique et paternelle. Les prix des appareils de transport sont relativement très modérés, et nous pensons que leur emploi dans un grand nombre d'exploitations rurales où on se livre aux cultures industrielles doit rendre d'importants services. Les charrois difficiles, qui sont la ruine des attelages et quelquefois des meilleures terres, en temps humide, peuvent être économiquement remplacés par un *débardage* facile et rapide au moyen des *porteurs Decauville.* Au prochain concours de Beauvais nous serons certainement témoins d'expériences qui ne laisseront aucun doute à cet égard.

Les meilleurs silos dans nos fermes sont de simples fosses rectangulaires de 1 à 2 mètres de largeur et 40 à 50 centimètres de profondeur. Vers le milieu et dans le sens de la longueur, on creuse un sillon de 15 à 20 centimètres de large sur autant de profondeur; on le remplit de fascines ou on le couvre de planches. Des rigoles transversales de mêmes dimensions aboutissent aux deux côtés latéraux; aux points de jonction, il faut mettre un fagot debout. Les betteraves sont ensuite rangées; le tas monte en s'amincissant à partir d'une certaine hauteur, de manière à se terminer en forme de toit. On entoure cet immense magasin d'une épaisseur de terre de 20 à 40 centimètres, suivant la rigueur du climat, en ayant soin de ne pas boucher les ouvertures des rigoles jusqu'au moment des grands froids. L'air circule dans tous les sens à travers les drains de fascines de fagots qui servent de cheminées et laissent échapper les produits de la fermentation. Les racines se conservent parfaitement ainsi jusqu'en avril et mai.

Quelques cultivateurs hachent les betteraves, puis les mettent, soit seules, soit mélangées à de la menue-paille et du sel dans des silos hermétiquement fermés. On a ainsi des nourritures toutes préparées pour l'hiver. Ce procédé a parfaitement réussi à l'Institut agricole. Un agronome distingué coupait ses betteraves en lamelles assez grosses, les faisait dessécher, puis les conservait indéfiniment dans un lieu sec. Les fanes et les collets de betterave n'ont que peu de valeur dans l'alimentation; on doit les laisser dans les champs; là, elles peuvent être mangées par les moutons.

CAROTTES.

L'arrachage de la carotte a lieu comme celui de la betterave; mais cette précieuse racine est plus difficile à conserver en silo. Elle fermente beaucoup en tas considérables et pourrit aisément.

Voici les meilleurs procédés de conservation : 1° Si le terrain n'est pas trop humide, la laisser dans le champ, la recouvrir d'une couche de terre, de fumier ou de menue-paille; ou bien arracher une ligne sur deux et recouvrir celles qui restent avec la terre des lignes enlevées. Pendant les beaux jours d'hiver, on arrache au fur et à mesure des besoins. Le seul inconvénient sérieux est que quelques-unes sont mangées par les mulots et les souris. Les bons jardiniers préfèrent ce moyen de conservation à celui de mettre les racines dans les caves; 2° elle demande beaucoup d'air; comme elle supporte facilement un certain nombre de degrés de froid, on peut très bien la conserver sous des hangars, en couches minces de 0,20 à 0,30, séparées par des claies ou des branchages, et, au moment des fortes gelées, entourer et recouvrir de paille. Les carottes gelées se conservent encore quelques jours et peuvent être mangées sans inconvénient par les animaux. Les fanes sont plus nourrissantes que les racines et bien supérieures à celles de la betterave. M. Boussingault donne comme équivalent 221.

La carotte est la meilleure nourriture verte pour les chevaux; elle fait grandir les poulains et les entretient dans un état de santé parfaite. Donnée aux vaches laitières, en mélange avec du son, elle augmente la quantité et la qualité du lait dans une notable proportion; le beurre est d'une couleur jaunâtre et d'un goût recherché. Après une demi-cuisson, elle engraisse bien les porcs et donne une chair et un lard très savoureux.

VI.

Des Semailles.

L'agriculteur intelligent, observant les lois qui régissent toutes choses en ce monde, reconnaît aisément son impuissance à faire germer, croître et mûrir les végétaux qu'il exploite ; il ne se sent pas plus fort à l'égard des éléments naturels, le froid, le chaud, la pluie, la grêle, etc., qui parfois viennent faire évanouir ses plus douces espérances. Mais c'est lui qui plante, qui met la graine en terre et de cette opération dépend, en grande partie, le succès ; le proverbe est toujours vrai : *pour bien récolter il faut bien semer*.

En traitant ce grave sujet nous aurons à parler : du choix de la graine, sa préparation, l'état de la terre qui doit la recevoir, l'époque et la pratique du semis, toutes questions du domaine de l'agriculteur. — Aujourd'hui nous aurons surtout en vue les céréales.

On nous dira peut-être : *à quoi bon cultiver des plantes qui nous mettent sûrement en déficit?*... Il est bien certain que, dans les conditions actuelles, avec de faibles rendements et un prix de vente dérisoire on ne peut guère espérer le moindre gain. — Il y a peu de jours, un honorable cultivateur proposait du bon blé à un gros meunier, au prix courant de l'année dernière, 21 à 22 fr. les 100 k. : « *Bah!* répond l'insouciant industriel, *nous avons des cargaisons de blés étrangers qu'on nous offre à 20 fr. dans les docks du Havre et ailleurs!...* »

Naturellement, il n'y eut pas de marché conclu et notre brave ami cultivateur garde son blé dans son grenier en attendant la hausse (?)...

Quoi qu'il en soit, nous ne pouvons pas renoncer à produire du blé en France, surtout dans la région du Nord. Il s'agit donc d'en améliorer, d'en perfectionner la culture pour arriver à des rendements qui compensent le bas prix.

Dans notre contrée les semailles se font à deux époques de l'année, à l'automne et au printemps. Il est bien essentiel de semer chaque espèce et chaque variété en la saison et à l'époque précise ; il y a des variétés de blés qui ne pardonnent pas 15 jours de retard. Personne n'ignore que la plupart des blés d'automne, semés au printemps, n'arrivent pas à maturité, et que ceux de printemps semés à l'automne, sont très exposés aux rigueurs de l'hiver.

Nous reviendrons bientôt sur cette question importante en traitant chaque céréale.

Une graine peut être excellente pour la consommation et ne rien valoir comme semence. — En général les graines ne conservent que peu de temps leurs facultés germinatives. Pour les céréales, surtout, il est urgent de n'employer que de jeunes graines, autant que possible, celles de l'année précédente. — Que d'erreurs, que de tromperies à cet égard. — Certains grainetiers ne se doutent peut-être pas du tort immense qu'ils font aux cultivateurs en leur vendant de vieilles graines de toute provenance.

L'agriculteur sérieux doit faire lui-même ses graines reproductrices. Il doit choisir dans son meilleur champ la partie où les tiges sont écartées plutôt que serrées, les épis ou épillets bien montés, bien garnis. — Il lui est facile de faire un triage dans le champ même ; d'enlever tous les pieds qui n'appartiennent pas à l'espèce à conserver et tous ceux qui ne sont pas vigoureux. C'est ainsi, par *sélection*, que les Anglais ont formé et conservé les meilleures variétés. — Il faut laisser bien mûrir sur pied, récolter et mettre ensuite ces précieuses graines à l'abri de toute fermentation, et les soustraire aux dégâts des nombreux insectes.

Malgré les soins, les plantes dégénèrent vite sous le même climat et avec la même culture, — il faut alors avoir recours aux marchands, qui nécessairement n'ont pas de mauvaises graines pour leurs clients !... d'ailleurs, trop souvent ils n'en connaissent pas eux-mêmes la qualité, vu qu'ils ne sont la plupart du temps que des revendeurs.

Les bonnes graines sont lourdes, bien remplies, luisantes. Pour s'assurer de leur valeur, on peut les soumettre à deux essais très simples : 1° on prend une poignée de graines et on la jette dans un vase plein d'eau; celles qui surnagent longtemps ne sont pas bonnes comme semence ; 2° on prend deux morceaux de drap imbibés d'eau légèrement acidulée; on place entre les deux étoffes quelques graines à essayer; on soumet le tout à une douce température, en ayant soin d'entretenir toujours les deux draps humides. Au bout de cinq ou six jours on peut juger de la valeur de la semence par le nombre de grains bien germés.

Il ne faut jamais mettre en terre des graines qui n'ont pas été criblées et parfaitement triées. Que de cultivateurs négligent ce soin et sont ensuite étonnés d'avoir des quantités de mauvaises plantes qui viennent salir et parfois étouffer les céréales, et cela dans les meilleures terres. Les instruments convenables à cet effet ne sont pas rares et d'un prix modéré. Notre département est favorisé d'un constructeur émérite : c'est M. Tabary, à Haudivillers (Oise). Nous pouvons encore citer Pernolet, à Niort.

La quantité de semence à employer est peu variable pour les céréales; si on semait toujours de la bonne graine et dans les meilleures conditions, il suffirait d'un hectolitre pour le blé, de deux hectolitres pour l'avoine et l'orge.

Quelques cultivateurs, peu sûrs de leur graine, forcent la quantité; alors souvent ils ont des céréales trop épaisses, qui donnent, il est vrai, de la paille fine, et ils sont heureux quand ils comptent 800 bottes à l'hectare; mais le grain n'est pas toujours en rapport, et les années un peu humides, dans les bonnes terres, ces céréales versent ordinairement. Quand au contraire les graines sont espacées dans une terre riche, elles ont de l'air et de la lumière, tallent et montent ; les épis ou épillets sont bien garnis, la maturité s'opère parfaitement. Il ne faut pourtant pas oublier que quand on sème tard et en terres froides, il est bon d'augmenter la graine à cause des dégâts occasionnés par les intempéries et les animaux nuisibles.

Un trop grand nombre de cultivateurs négligent aussi sur les semences de céréales et surtout pour le froment une opération connue sous les noms de : *sulfatage, vitriolage, chaulage, pralinage*; ils compromettent ainsi gravement l'avenir de ces plantes.

Pour cette opération, on emploie des substances âcres, amères, corrosives, telles que : sulfate de cuivre et de fer ou vitriol bleu et vert (couperose), sulfate de zinc, acide arsénieux, chaux, plâtre, ou même plusieurs de ces substances combinées.

Celles qui sont le plus communément employées sont : le sulfate de cuivre ou de fer et la chaux.

La céréale que l'on veut traiter est en un tas conique dans un appartement carrelé ; on fait dissoudre 100 à 125 gr. de sulfate de cuivre dans 15 à 20 litres d'eau, et on mouille le grain en le mélangeant. C'est le *vitriolage* ou *sulfatage*. Si on emploie le vitriol vert, il faut doubler la dose. Un agronome a conseillé un mélange d'une partie d'acide sulfurique pour 150 à 200 parties d'eau et d'y tremper la céréale pendant 24 heures.

Si après avoir ainsi vitriolé on saupoudre le tas de chaux éteinte ou de plâtre jusqu'à ce que tous les grains en soient couverts, on a fait le *sulfatage* et le *chaulage*.

Souvent on se contente de l'eau salée ou de l'urine, ou même de l'eau tiède pour humecter le grain, puis on y ajoute la chaux ou le plâtre comme précédemment, ou même des cendres de bois, des phosphates de chaux, des guanos, etc.; alors on a fait en même temps un *pralinage*.

Après ces diverses opérations les semences se ramollissent, gonflent; il faut alors les remuer, les disposer par couches minces, et ne pas tarder à les mettre en terre. Il faut prendre garde que les volailles ne les mangent; elles pourraient être empoisonnées.

Ces diverses opérations ont pour buts multiples : 1° Faciliter, activer la germination; 2° fournir à la jeune plante une nourriture à sa portée; 3° *détruire une foule d'insectes et leurs œufs, ainsi que les germes microscopiques de certains végétaux cryptogames.*

Un cultivateur distingué de la Somme a conseillé de tremper la semence dans une dissolution de goudron de houille pour garantir les grains contre les corbeaux et les rongeurs. Des expériences personnelles attestent l'efficacité de ce moyen. Pas loin de Beauvais nous avons vu employer un procédé singulier contre les dégats des corbeaux, des pies et autres oiseaux voraces. On entoure le champ d'un *fil de laine* porté sur de petits piquets. Nous avons voulu en essayer et nous avons été heureux de donner raison aux cultivateurs de Marissel !. . .

La semence est bien choisie, bien préparée, il s'agit de la mettre en terre dans les meilleures conditions de succès.

Pour les semis d'automne il ne faut pas trop pulvériser le sol; les petites mottes qui se trouvent à la surface servent d'abri aux jeunes plantes, les garantissent contre les gelées, et au printemps, en se délitant, elles rechaussent les racines surtout quand alors ont vient aider cette action bienfaisante par le hersage et le roulage.

On sème en ligne ou à la volée; les deux systèmes présentent des avantages et des inconvénients. Le premier a été fort préconisé depuis 20 ans. Sur de petites étendues il se pratique à la main. On fait des sillons à la distance convenable et on y dépose la semence qui est ensuite recouverte avec soin. Dans la grande culture on se sert d'un instrument, aujourd'hui très perfectionné, appelé *semoir*.

Nous n'avons pas à décrire ici ce précieux véhicule; mais nous dirons ses nombreux avantages et ses quelques inconvénients. Les graines sont toutes enterrées à la profondeur voulue, la levée est uniforme et complète, on peut alors mettre juste la quantité de semence nécessaire; ce qui souvent donne lieu à une économie de un quart et même de un tiers. On peut sarcler économiquement les céréales semées en ligne avec la houe à cheval inventée dans ce but. Celle qui nous semble la meilleure est de l'invention de M. Brayé, excellent cultivateur aux Anthieux (Seine-Inférieure). Cette opération donne des résultats magnifiques; en Flandre et en Artois les meilleurs cultivateurs sèment toutes les plantes en ligne et les sarclent. L'un d'eux, prime d'honneur de son département, nous affirmait, il y a peu de temps qu'il obtenait ainsi en moyenne un rendement de 1/3 en plus, surtout pour l'avoine.

Le semoir a aussi quelques petits inconvénients : il coûte un peu cher, et le travail n'est pas aussi rapide à moins qu'on n'emploie un instrument qui sème 16 à 18 rangs à la fois; on ne peut s'en servir que quand le temps est beau, la terre sèche et bien préparée; enfin les sillons faits par les socs et qui ont reçu la graine servent parfois de galeries naturelles et de grenier aux taupes, aux vers blancs ou aux rongeurs.

Le semis à la volée s'est fait longtemps à la main. Ce procédé est le plus expéditif; un homme peut emblaver par jour 5 à 8 hectares.

Les habiles semeurs sont précieux mais malheureusement trop rares dans les exploitations agricoles...

Il est difficile, en effet, de bien répartir la graine et d'en mettre la quantité convenable. Aussi a-t-on inventé un semoir qui remplace avantageusement la main de l'homme. Avec cet instrument on règle la quantité de graine à volonté; elle est distribuée très régulièrement. Il peut manœuvrer quels que soient le temps et l'état de la terre; il est facile à conduire, et comme il est très léger on peut lui donner de grandes dimensions, depuis 2 jusqu'à 5 mètres. Le travail se fait donc aussi rapidement qu'à la main. On enterre la graine avec la herse; mais dans les sols légers on pourrait employer le scarificateur.

Il est bien évident que les céréales semées à la volée ne peuvent être sarclées à la houe; de plus la graine n'étant pas enterrée à la même profondeur, la levée n'est pas régulière. Les grains qui sont trop enfoncés ou qui restent à la surface ne lèvent pas ou sont mangés par les animaux. Aussi, pour parer à ces inconvénients, doit-on mettre plus de grains que dans le semis en ligne. Les semoirs qui aujourd'hui jouissent d'une réputation universelle sont : le Smith, le Français, le Ben Reid, Leclerc, Jacquet-Robillard, etc.

VII.

Ennemis des Céréales et leur destruction.

Les ennemis des céréales sont nombreux : les uns appartiennent au règne végétal, les autres au règne animal. Les maladies connues sous le nom de *carie, charbon, puccinie, ergot,* etc., sont dues à des spores de végétaux de l'embranchement des cryptogames.

La *carie* est surtout commune sur le froment. Le grain conserve à peu près sa forme ordinaire, sauf qu'il est un peu plus court, plus renflé ; mais son écorce recouvre une poussière noire, à odeur de poisson pourri ; elle est très dangereuse dans l'alimentation. Au battage cette poussière se répand à la surface des bonnes graines, s'y attache et leur communique une teinte brune ; la farine est grisâtre, d'une saveur désagréable ; le pain n'est pas sain. Les batteurs sont indisposés ; ils sentent un malaise et perdent appétit. Le cryptogame qui donne lieu à la carie est une *urédinée,* le *Tilletia caries;* il se propage par la semence, par la paille. Le petit champignon introduit ses filaments d'une extrême ténuité dans la graine ; il se propage dans la tige et monte jusqu'à l'épi, où il occasionne les ravages que nous venons de signaler.

Le *Charbon* s'attaque à toutes les céréales. Les organes fleuraux sont envahis et remplacés par une poussière grisâtre, puis noire, qui empêche toute fructification. C'est le cryptogame du genre *ustilago* qui se propage comme le tilletia de la carie. Il diminue considérablement les récoltes qu'il envahit. Des essais nombreux ont permis de constater que la poussière de cette végétation cryptogamique n'exerce aucune influence fâcheuse sur la santé de l'homme et des animaux.

L'*Ergot* s'attaque plus particulièrement au seigle ; il est assez rare sur le blé. C'est au moment de la floraison que se manifeste cette maladie. Le grain qui en est attaqué, grossit démesurément, dépasse la balle et prend la forme de l'ergot du coq. C'est aussi le produit d'un champignon microscopique du genre *Claviceps.* Il est plus commun dans les années pluvieuses. Il se multiplie et se propage comme les précédents.

La *Rouille* est une maladie grave qui peut atteindre toutes les céréales. Elle se manifeste par des poussières rougeâtres disposées par taches ; elles se développent sur les feuilles, les tiges, les épis ; quand elles sont très abondantes tout le champ de céréales prend la teinte de rouille. Cette poussière est formée par les spores d'un champignon du genre *Puccinia* qui empêche la libre circulation de la sève. Les plantes fortement rouillées deviennent chétives ; si le grain n'est pas encore formé, il avorte ou reste tout petit et n'a pas de qualités nutritives ; la paille elle-même est très altérée et n'a que peu de valeur dans l'alimentation. On a remarqué que cette maladie occasionnait surtout de grands ravages pendant les années humides et aux brusques changements de température. On a également remarqué que le voisinage de l'*épine-vinette (Berberis vulgaris)* était une cause immédiate de propagation de la rouille.

Les remèdes les plus efficaces ont été indiqués dans notre précédent article. Il ne faut jamais mettre en terre des semences sans les avoir soumises aux opérations du *vitriolage, sulfatage, etc.* Les substances corrosives employées font périr ces végétations cryptogamiques si dangereuses.

Les insectes nuisibles aux céréales sont fort nombreux ; nous allons nommer les plus à redouter :

L'*Aiguillonnier*, coléoptère de la famille des *Longicornes* ; long d'un centimètre, étroit linéaire, couleur brune, tête ornée de deux longues antennes. Apparaît au mois de juin ; pond ses œufs sous l'épi. La larve descend à travers la moelle jusqu'au dernier nœud de la base ; la plante jaunit ; au moindre vent, les épis se détachent. Certaines années il occasionne un quart de perte dans la récolte.

Le *Cœphus* ou *Porte-Scie* ; hyménoptère noir à bandes jaunes ; agit comme l'Aiguillonnier et cause de grands dégâts dans les champs de blé.

La *Cécidomye*, diptère ressemblant au *Cousin* ; mais de couleur jaune. La femelle est armée d'une longue tarière avec laquelle elle dépose ses œufs dans les fleurs des céréales qui alors ne fructifient pas. En 1846, cet insecte a singulièrement réduit la récolte dans certaines contrées.

Le *Charançon* appelé aussi *Calendre*, petit coléoptère gris de 2 à 3 millimètres de long. La femelle, avec une espèce de tarière très aiguë perce le grain de blé et y dépose ses œufs au nombre de plusieurs mille ; l'insecte parfait, ainsi multiplié, ronge le blé et en détruit d'énormes quantités.

L'*Alucite* ou *Papillon des Blés*, est un papillon grisâtre qui ne vit que quelques jours. Il attaque les blés dans les champs, les meules, les greniers. La femelle pond ses œufs dans la petite rainure du grain ; ceux-ci se développent rapidement et occasionnent ensuite de grands dégâts.

L'*Anguillule*, de la famille des *Helminthes*, est une espèce de filament vivant, à mille pieds, qui se trouve quelquefois par centaines dans un seul grain ; il vit aussi dans la tige et dans tout l'épi.

Les feuilles deviennent ridées, la tige a une apparence souffreteuse. On dit alors que les blés sont *niellés*.

La *Teigne*, est un papillon à ailes en forme de toit au repos. Il réunit les grains en pelote à l'aide de fils très fins ; ses œufs donnent naissance à une chenille très petite, de couleur jaunâtre.

Signalons encore les *Chlorops*, petites mouches diptères qui se multiplient à l'infini et attaquent tantôt la tige tantôt l'épi.

Les remèdes indiqués contre les maladies détruisent aussi beaucoup de ces insectes, de leurs œufs et de leurs larves ; mais il faut surtout que le cultivateur entretienne la plus grande propreté dans ses greniers. Il faut remuer souvent les tas de grains, les changer de place, tourmenter en un mot tous ces parasites pour ne pas leur laisser le temps de se multiplier et de commettre leurs ravages.

VIII.

Le Seigle.

Connaître l'espèce et la variété des plantes qui conviennent à un climat, à un terrain et aux conditions économiques dans lesquelles on se trouve, est un point capital en agriculture. Trop souvent, on commet de graves erreurs à cet égard ; on veut, pour ainsi dire, forcer la nature.

La première céréale dont il faut s'occuper à l'automne est le seigle. C'est la plante agricole rustique par excellence, et qui doit toujours largement rémunérer le cultivaceur qui l'exploite avec intelligence. Elle vit sous tous les climats et dans tous les terrains ; mais elle a aussi ses préférences. Etant peu difficile, elle a généralement sa place dans les terrains de médiocre qualité ou dans ceux déjà fatigués par les récoltes précédentes ; on oublie trop qu'elle se convient parfaitement dans les bonnes terres, et que là souvent elle peut donner des produits supérieurs au blé, surtout quand, comme aujourd'hui, ces derniers sont livrés à vil prix.

Dans les Flandres, cette contrée devenue classique pour la belle et bonne agriculture, on dit que « *le cultivateur de seigle dépasse le cultivateur de blé* ».

Dans l'Oise, sa culture est, nous ne dirons pas, abandonnée, mais fort négligée ; c'est un tort. Le bon grain de seigle est riche en substances alimentaires, et son mélange avec le froment donne un pain bis très nourrissant, agréable à manger et de bonne conservation. Personne n'ignore qu'il y a plusieurs grandes contrées en France où le robuste travailleur de la terre ne vit que de pain de seigle. Nous ne prétendons pas vouloir le substituer à notre pain blanc, qui acquiert par sa fabrication un goût plus ou moins exquis sans parler de ses formes si variées et si attrayantes ; mais le pain de ferme gagnerait en qualité par l'addition d'une certaine proportion de farine de seigle bien blutée. Les meilleurs pains d'épices se fabriquent avec le seigle.

Son grain est encore excellent pour l'alimentation du bétail. Il nourrit beaucoup plus que l'avoine. Un agronome distingué a conclu, après de nombreuses expériences, que 100 hect. cultivés en seigle donneraient autant de matières alimentaires que 500 hect. d'avoine faite dans les mêmes conditions. Il convient mieux au bétail étant cuit ou ramolli dans l'eau que dans son état naturel. Il nourrit très bien les animaux à l'engrais, et leur donne ce qu'on appelle du *luisant* et du *poids*.

Les essais faits pour le substituer, en partie, à l'avoine dans l'alimentation des chevaux de travail n'ont pas donné de résultats bien satisfaisants. Comme le blé, il donne la pléthore, et, par suite, la fourbure, s'il est distribué en grande quantité. Réduit en farine et donné en barbottage, il est appétissant, nutritif, et remet les animaux fatigués.

Il profite mieux aux volailles que l'avoine ; quand on fait une pâtée avec la farine de seigle et des pommes de terre, on peut engraisser rapidement : oies, dindons, poulets, canards, etc., et leur chair est abondante et délicate.

La grande quantité d'amidon de dextrine et de gomme qu'il renferme permet d'en extraire, par la distillation, de l'alcool de bonne qualité et les résidus sont encore très bons pour le bétail à corne.

La paille de seigle n'est pas non plus un produit indifférent. Dans la région du Nord on le cultive avec raison, surtout pour cette dernière. On voit, en effet, à peu près chaque année, vendre des bottes, appelées communément *gluis*, 1 fr. 50 à 2 fr. 50; c'est de l'argent comptant, bien que tout ne soit pas bénéfice à cause de la main-d'œuvre ! Près des villes, cette même paille, bien triée, se vend un bon prix pour différents usages industriels : empailler les chaises, faire des paillassons, fabriquer des papiers et des cartons grossiers, etc. Nous connaissons plusieurs cultivateurs des environs de Chantilly, de Corbeil, etc., qui vendent sur Paris d'énormes quantité de paille de seigle. Cette dernière spéculation est très lucrative.

Au printemps, le seigle fournit un fourrage vert, précoce, abondant et très nutritif. On néglige trop sa culture à ce point de vue, et on est si embarrassé pour avoir des nourritures vertes à cette époque de l'année !...

Les variétés recommandées sont : 1° le *seigle d'automne* ou *d'hiver;* c'est le plus cultivé dans notre contrée.

2° Le *seigle de Russie*, qui a la feuille large, la paille haute; il est hâtif; aime les terres fertiles.

3° Le *seigle de Mars* ou *Trémois* qui est moins grand, moins productif; mais il est précieux pour remplacer, au printemps, le seigle d'hiver manqué.

4° Le *seigle de la saint Jean* ou *multicaule* qui se sème en juin ; il offre l'avantage de taller beaucoup. On peut ainsi le couper en vert, fin septembre, et il fournit encore une bonne récolte en juillet de l'année suivante.

Nos habiles cultivateurs de l'Oise savent, comme nous, que le seigle réussit très bien après jachère ou demi-jachère un peu fumée, à moins que la terre ne soit déjà féconde. Il vient bien aussi après colza, trèfle incarnat, défriche. En général, il aime une terre meuble anciennement fumée : « *Sème ton seigle en terre poudreuse et ton blé en terre boueuse,* » dit un proverbe. Le mois de septembre est l'époque la plus favorable à la réussite de cette céréale. Semé ainsi en saison, le seigle se récolte à la fin de juillet. Si on le cultive dans le but principal d'avoir de la bonne paille, il faut le semer un peu plus épais, environ 2 h. 1/2; alors les chaumes sont longs, fins, flexibles et tenaces, surtout si on le coupe un peu avant maturité. Dans ce cas, le meilleur instrument pour le moissonner serait la faucille, si la main-d'œuvre était bon marché. On le coupe ordinairement à la faux et on doit le mettre aussitôt en moyette pour que le grain murisse bien et que la paille garde sa ténacité.

Le battage doit se faire au fléau, ou mieux encore à la main, poignée par poignée, en frappant les épis contre une espèce de chevalet.

En résumé, nous pensons qu'il y a avantages nombreux pour le cultivateur de donner plus d'importance à cette céréale, d'en étendre et d'en améliorer la culture. On trouvera à placer avantageusement les produits s'ils sont de bonne qualité.

IX.

Les meilleures variétés de Blés pour la région du Nord.

Le cultivateur français ne sait que trop aujourd'hui combien la culture du blé est peu lucrative. Cependant il ne peut et ne doit renoncer absolument à la production de cette précieuse céréale. Compter sur les mesures administratives protectrices qui viennent balancer les effets désastreux de la concurrence étrangère et mettre un certain rapport entre le prix de production et le prix de vente, c'est se bercer d'illusions. Les promesses si souvent réitérées, sur ce point, ne sont pas encore à la veille de se réaliser?...

Sans être pessimiste, nous sommes persuadé que le pauvre cultivateur est condamné longtemps encore, à combattre avec ses propres armes. Celle dont il peut user, quant à présent, est de s'efforcer d'arriver aux produits maximums par l'amélioration, le perfectionnement de sa culture et le choix des variétés les plus appropriées au sol et au climat.

Comme le temps et les moyens lui manquent généralement pour se livrer, à cet égard, à des études expérimentales, nous pensons lui être de quelque utilité en lui indiquant quelques-unes des variétés automnales et printanières qui, après de nombreux essais, ont donné les meilleurs résultats.

Nous dirons tout d'abord que les blés *fins et tendres* doivent être préférés dans notre belle région du Nord. Ils donnent peu de son et des farines de bonne qualité; ceux à grains blancs sont les plus estimés; cependant ils fournissent une pâte courte, peu liante. Le genre, *Triticum sativum*, comprend les plus nombreuses et les meilleures variétés de blés connues; à l'Institut agricole, nous en avons essayé longtemps plusieurs centaines. Il y a des blés fins barbus et non barbus, à grains blancs, jaunes et rouges. La plupart conviennent surtout aux régions tempérées et redoutent les terres et les climats trop humides. Les variétés sans barbes se cultivent surtout en pays de plaines abritées; les barbus doivent être préférés dans les pays élevés, sont moins sujets à la verse; en revanche leurs balles ne peuvent être livrées à la consommation, à cause des barbes.

Les blés dits *Poulards* du genre *(Trit. Turgidum)* sont tous barbus, ont une paille longue et ferme; le grain et gros, renflé lourd, donne beaucoup de son; ils sont rustiques, conviennent aux sols plus rudes; mais sont beaucoup moins recherchés par la meunerie.

Quant aux blés *durs* et aux blés *vêtus* connus sous le nom d'*Epeautre*, ils ne conviennent nullement à notre région; nous n'en parlerons pas.

Parmi les blés *fins* semés à l'automne nous signalerons :

B. *Blanc de Flandre* ou de *Bergues*, B. *Suisse* (dans l'Oise); sa paille est blanche, son épi carré, un peu pointu à son sommet; le grain est blanc, allongé et de belle qualité; c'est une des variétés qui a donné parfois les plus forts rendements, jusqu'à 40 à 50 hect. à l'hectare. Il est un peu sujet à la verse, il demande à être semé un peu clair, dans les bonnes terres et d'assez bonne heure à l'automne.

B. *Victoria blanc* et *rouge*; plusieurs

variétés qui portent des noms différents peuvent être confondues avec ces deux types : ainsi le *Kensingland* ou *Géant de la Tréhonnais*; B. *Hallett*, B. *du Prince-Albert*. Ils ne diffèrent, suivant la culture que par la grosseur ou la longueur de l'épi.

Le blé *Victoria* blanc ou rouge, ou ses synonymes, a une paille blanche résistante, épi rectangulaire assez étalé; grain blanc ou rouge, renflé, bien plein, lourd, farine de bonne qualité. Il convient aux bonnes terres et aux terres moyennes; il mûrit de bonne heure quoique pouvant être semé tard en automne, il supporte bien les grandes chaleurs de juillet et ne se racornit pas. Sa culture prend beaucoup d'extension dans l'Oise, son rendement est considérable en paille et en grain. Il ne faut pas le semer trop épais, car il talle beaucoup.

B. Childam. Il comprend deux variétés qui ne diffèrent que par la couleur de l'épi; l'un est rouge, l'autre blanc. Dans les deux, la paille est blanche, un peu courte, mais fine et excellente pour la consommation. L'épi est presque carré, moins allongé que dans le B. de Bergues, le grain est blanc, court, arrondi, tendre. On accusait jadis cette variété d'être un peu sujette à geler; mais elle est maintenant bien acclimatée. Le rouge se cultive beaucoup en Brie, le blanc se cultive davantage en Normandie, dans l'Oise et l'Aisne. Il rouille peu; les terres riches et saines font donner beaucoup de grain à cette variété.

B. *Hunter*, d'origine écossaise; c'est une des variétés les plus rustiques; il réussit dans toutes les terres, pourvu que le semis soit fait de bonne heure. Sa paille est blanche, fine, longue; son grain est blanc, aminci aux extrémités.

B. *Blanc de Hongrie* ou B. *Chevallier*. Paille blanche, épi carré; grain blanc, court, presque rond, parfois un peu glacé; murit de bonne heure; est précieux pour les terres un peu sèches, les pays un peu élevés, mais demande à être semé de bonne heure.

B. *Rouge d'Ecosse*, appelé aussi *Blood red, Golden drop*. Comme son nom l'indique, l'épi est rouge brun, assez long, légèrement aplati; grain rouge ou jaunâtre, lourd; paille forte, de hauteur moyenne, quelquefois un peu violette sous l'épi. C'est une des plus précieuses variétés pour les années à hiver rigoureux, car elle est très rustique; il talle beaucoup, verse difficilement. Il doit être semé de bonne heure à l'automne; il réussit toujours dans les terres qui ont une certaine proportion de calcaire.

B. *de Crépi*. C'est une des plus anciennes variétés; elle est encore très appréciée dans la Picardie et dans le Valois. Sa paille est d'un blanc jaunâtre, fine, haute. Son épi est long, peu serré; il renferme un grain allongé, légèrement glacé, lourd et de bonne qualité. C'est sans contredit le plus résistant aux froids de l'hiver.

B. *Hickling* ou du *Mesnil-St-Firmin*. Paille droite, raide; épi gros, compacte; un peu difficile à battre; le grain est jaunâtre, renflé. Mûrit de bonne heure, s'il est semé en octobre.

B. *de Noé* ou B. *Bleu*. Ainsi appelé parce que vers le moment de la floraison il a une teinte bleuâtre très remarquable. C'est une variété venant d'Odessa et sélectionnée, puis semée plus tard chez M. le marquis de Noé, dans l'île de Noé, près Mirande (Gers); il la introduite en Beauce, et de là elle s'est rapidement répandue. Comme toutes les excellentes variétés, elle est très productive; le grain est blanc, renflé, très lourd; à l'Institut, sur des terrains argilo-calcaires, il a pesé plus de 80 kil. à l'hectolitre. Le seul défaut qu'on puisse lui reprocher, c'est que sa paille est un peu dure et qu'elle rouille facilement durant les années humides.

Il a cela de précieux, qu'on peut le semer depuis le 1er octobre jusqu'au 1er avril et qu'il réussit presque toujours.

Parmi les variétés de printemps, nous nous contenterons d'indiquer :

B. *Chiddam de mars*. C'est un des plus

fins et des plus productifs ; il vaut largement certains blés d'automne, à la condition de le semer dans la première quinzaine de mars.

B. *Victoria de mars.* Ressemblant au Victoria d'automne, mais il est barbu ; le grain est rouge, demi-glacé; produit bien, mais s'égrène facilement à la maturité.

B. *Hérisson sans barbes.* L'un des plus productifs de printemps. Il a l'épi rouge foncé, très-serré et très-court; grain renflé, presque cuivré; résiste aux chaleurs et verse très difficilement.

Nous terminerons enfin par la nomenclature de quelques variétés qui peuvent sa semer à peu près indifféremment soit à l'automne, soit au printemps :

B. *de Noé ;* B. *Rousselin ;* B. *Seigle ;* B. *Hérisson sans barbes.*

Nous ne conseillerons pas d'acheter en grand ces bonnes variétés. Ce serait une dépense considérable; car les marchands les vendent cher. Une petite quantité que l'on soignera particulièrement fournira, au bout de la première ou deuxième génération, une excellente semence bien acclimatée.

X.

Le Libre-Échange. — La Protection. — La Concurrence étrangère.

Partout on entend dire que l'agriculture française est souffrante, qu'elle est dans la détresse, qu'elle agonise, qu'elle se meurt... Partout aussi surgissent une foule de médecins qui s'empressent d'examiner la malade, de l'ausculter pour essayer de trouver les causes et l'origine du mal et proposer ensuite divers remèdes plus ou moins contraires. Hélas! dans tous ces hommes dévoués à cette auguste malade, que d'empiriques, que d'homéopathes, que de charlatans, peut-être?... Aussi le mal augmente toujours... et, cependant l'agriculture ne doit pas mourir; il faut qu'elle revienne à la santé, à la prospérité, où l'existence de la nation française elle-même est compromise...

Loin de nous la sotte prétention de nous croire plus capable que d'autres de découvrir et surtout d'appliquer des remèdes vraiment efficaces contre la maladie qui atteint le cœur de la France agricole. Ah! certes, si nous les avions à notre disposition, nous n'hésiterions pas à en faire usage, fût-ce au prix de nos sueurs et de notre sang, pourvu que l'agriculture retrouve sa prospérité d'autrefois.

Notre modeste ambition aujourd'hui est simplement d'essayer d'apporter notre faible contingent de lumières pour éclairer cette grave question et joindre nos vœux d'un avenir plus heureux à ceux d'hommes vraiment dévoués à cette noble et grande cause.

Nous avons été maintes fois témoin de discussions oiseuses sur cet important chapitre et nous avons constaté avec peine qu'un bon nombre de cultivateurs, du reste fort intelligents, n'étaient guère au courant de ces questions : *libre-échange*, *protection*, etc., systèmes économiques défendus ou rejetés suivant les opinions, ou, pour mieux dire, suivant les intérêts de ceux qui en parlent. Il est vrai que beaucoup d'agriculteurs très méritants s'occupent avant tout de bien cultiver leurs champs et de vendre leurs produits le plus cher possible; ils ne se plaignent que quand l'argent déserte trop leur porte-monnaie. Mais, aujourd'hui il ne leur est plus permis de rester indifférents à ces grandes questions économiques; il est temps qu'ils s'en instruisent; qu'ils fassent entendre leurs plaintes légitimes et se mettent sur le pied de défendre eux-mêmes leurs intérêts. Entrons dans quelques détails qui pourront les intéresser et leur être utiles :

Le *libre échange* est l'entrée en franchise ou avec des droits très modérés des denrées alimentaires et des matières premières d'un pays dans un autre; il est basé sur ce principe des *Physiocrates* (hommes qui considéraient l'agriculture comme source de *toute richesse*) : *la propriété est la base de toute société, et l'échange le lien de toute société.* C'est la mise en pratique de cette maxime célèbre : *Laissez faire, laissez passer. Liberté, liberté.* Provoquer le progrès de notre agriculture par le progrès industriel, commercial, envisagé comme moyen de placement des matières premières et des capitaux : tel est le but que durent se proposer les promoteurs de ce système.

Longtemps réclamé par une certaine École qui avait à sa tête *F. Bastiat* et *Michel Chevalier*, le libre-échange a

4

triomphé et amené le traité anglo-français de 1860. Un peu plus tard, la Belgique, l'Italie, la Prusse, l'ont adopté.

Dès 1846, en Angleterre, *Robert Peel*, premier ministre, d'accord avec le célèbre économiste, *Richard Cobden*, obtint du Parlement la levée de presque toutes les prohibitions sur les matières premières.

Le commerce français était régi jusqu'alors par le système dit *protecteur*, dont le but devait être de favoriser l'industrie nationale par des impôts élevés sur les denrées qui entraient en France, et obtenir ainsi un excédant d'exportation sur les importations, afin d'attirer le numéraire. Les produits étrangers participaient alors pour une part plus ou moins large aux charges publiques.

Ce régime *protecteur* a été appliqué pendant plusieurs années, notamment pour les céréales, au moyen de ce que l'on a appelé l'*échelle mobile* établie par les lois de 1819 et 1821 et régularisée en 1832.

Ce n'était autre chose que des tarifs variables votés par les Chambres, et qui avaient pour but de maintenir les blés à un prix élevé, dans l'intérêt de l'agriculture. Quand cette denrée alimentaire tombait au-dessous d'un certain chiffre, on élevait les tarifs pour repousser les blés étrangers. Quand les prix montaient trop, on abaissait les tarifs; les blés étrangers entraient et venaient combler le déficit.

Rien d'éloquent comme les chiffres. Comparons les résultats des deux systèmes pendant une période d'un même nombre d'années, en ce qui concerne les blés.

Le relevé des prix depuis 1845 jusqu'en 1860, en plein fonctionnement de l'*échelle mobile*, et celui de 1861 à 1876 sous le *régime de liberté* (le grain ne payant que 0 fr. 60 d'entrée), nous donne comme prix moyen, dans le premier cas, 21 fr. 22 c. l'hectolitre, et dans le second, 22 fr. 14 c.

Le prix maximum sous le régime protecteur s'est élevé à 30 fr. 75 c. l'hectolitre en 1856, et sous le libre-échange à 26 fr. 64 c. en 1868. Le prix minimum dans le premier système est descendu à 14 fr. 22 c. en 1850, et dans le second à 16 fr. 41 en 1865.

Il est facile de conclure que jusqu'en 1876, le libre-échange n'avait pas encore exercé sur le marché des céréales l'influence désastreuse qu'on lui attribue si justement aujourd'hui. Depuis, les conditions économiques sont donc bien changées? Suivons la question pas à pas, non seulement pour le blé, mais pour toutes les denrées agricoles.

A l'époque des traités de 1860, et quelques années plus tard encore, les blés de l'Amérique, de l'Inde; les colzas, les navettes et les laines d'Australie; les moutons et le sucre allemand, les bœufs et les vins d'Italie et d'Espagne, les bois ouvrés de Suède, etc., etc, n'arrivaient en France que par quantités *normales*, incapables de constituer une concurrence sérieuse. Nous exportions avec gros bénéfices les farines de nos blés ou de ceux de provenance américaine. Nos bestiaux étaient appréciés et vendus sur tous les marchés; nos vignobles approvisionnaient, on peut dire, le monde entier. Les matières premières, manufacturées en France, ne connaissaient guère de rivales. Nous étions, en quelque sorte, les maîtres du marché universel.

Mais depuis, les nations concurrentes ont travaillé pour lutter contre nous. Favorisées par le sol, le climat, la protection de leur gouvernement, etc., elles inondent nos marchés de leurs produits, au détriment des nôtres.

Jetons un simple coup d'œil sur l'Amérique. Peuple jeune et vivace, sachant user d'une sage et vraie liberté, il exploite d'immenses étendues de terres vierges, fécondes, pouvant donner des céréales sans fumier pendant plus de 20 ans. La main-d'œuvre est insignifiante et le prix de transport très modéré. De riches pâturages dans les vastes vallées, où coulent leurs grands fleuves, nourrissent un bétail nombreux qui arrive à peu de frais jusque dans nos ports français.

D'immenses moulins, à systèmes très perfectionnés, sont maintenant dirigés par d'habiles ouvriers européens qu'ils ont attirés à prix d'or. Des farines de bonne qualité arrivent sur nos marchés et remplacent les nôtres. Ils ne reculent devant aucun sacrifice pour améliorer leur bétail. Qui ne sait qu'ils viennent acheter, en Angleterre, en France, les reproducteurs les plus remarquables dans toutes les espèces, dans toutes les races? Ces mêmes animaux importés chez eux sont vendus des prix exorbitants. On cite un sénateur de la province de *Ohio* qui a payé un taureau 352,000 fr. Déjà en 1873, à une ferme près de New-York, 5 vaches Durham ont été vendues 827,000 fr., soit une moyenne de 16,460 fr.

L'arrivage des viandes mortes augmente dans des proportions considérables. Mais quelles viandes?... notamment celle de porc? Nous savons même qu'on a dû mettre interdiction à cause de la trichine...., et cependant elles sont vendues, grâce à leur bon marché...

Avec leurs médiocres vins de Californie et d'ailleurs, ils sont parvenus à imiter nos meilleurs crus et à les vendre comme tels. Alors ils ont frappé les nôtres d'un impôt considérable pour favoriser l'écoulement de leurs falsifications.

Ainsi en est-il pour les beurres et les fromages.

Dans plusieurs grandes villes américaines on vend du beurre de Gournay, d'Isigny, etc., des fromages de Camembert et d'autres, fabriqués dans le pays.

Il viendra peut-être un temps où, sur notre propre marché, des étrangers livreront des produits portant nos noms, nos marques de fabrique!.... Voilà pour l'Amérique.

Jetons un coup-d'œil rapide sur l'Inde. Immense territoire peuplé de 200 millions d'habitants, l'Inde a un sol très fertile qui permet deux récoltes de blé par an.

La journée du meilleur ouvrier se paie 20 à 25 cent. et on lui donne pour toute nourriture quelques poignées de riz. Les Anglais vaincus par les Américains pour la culture du blé se sont jetés sur l'Inde et en font en quelque sorte leur grenier d'abondance. Là, en effet, ils ont organisé la culture de cette céréale dans des proportions gigantesques. La récolte s'élève déjà à 86.000.000 d'hect. En 1878 l'Inde a exporté 78.121 hect. et en 1882 ce chiffre s'est élevé à 13.368.773.

Les voies de communications, les moyens de transports faciles et rapides leur permettront d'exporter des quantités plus considérables, Et tout cela à quelles conditions? Là l'hectolitre de blé est produit à 2 fr. 50, au plus à 3 fr. Rendu en France, il ne revient guère qu'à 15 ou 16 fr.

Le transport d'une tonne de blé de Calcutta à Marseille n'est que de 25 fr., tandis que de Marseille à Paris, le transport de cette même tonne coûte 32 fr.

Ainsi les blés américains font une concurrence terrible aux blés français sur nos propres marchés et les blés de l'Inde vont faire la concurrence à ceux de l'Amérique sur les mêmes marchés : voilà la situation...

Que résulte-t-il de tout cela pour nous? Moins favorisé par le sol, par les conditions économiques, main-d'œuvre, transports, accablé d'impôts, le pauvre cultivateur français ne peut soutenir la lutte contre cet envahissement général. Voilà pour les blés et beaucoup d'autres denrées alimentaires.

Il est aussi facile de démontrer que la crise qui menace certaines industries agricoles a pour cause cette même concurrence. Inutile d'aller chercher des ennemis au-delà des mers, nous les avons à notre porte.

Les personnes au courant de ces questions savent trop bien que, même après le vote de l'impôt sur la betterave et la surtaxe, la sucrerie, en France, ne peut lutter longtemps contre l'Allemagne. Aujourd'hui, en effet, cette dernière fabrique 800,000 tonnes dans 421 usines, tandis qu'en France nous ne produisons, avec 500 fabriques, que 400,000 tonnes.

Cela tient au climat, à la terre et au mode d'extraction. D'ailleurs, M. de Bismarck veut, comme il l'a dit, *avoir son Sedan industriel.*

La nouvelle loi française sur les sucres était à peine en discussion, qu'une réunion importante de fabricants de sucre a lieu dans une ville de l'Allemagne. Il s'agit de discuter et de s'entendre sur les demandes à présenter au Gouvernement impérial pour atténuer les effets de notre nouvelle loi contre l'exportation allemande. Un des principaux industriels prend la parole et dit : « *Mesieurs, vous connaissez tous la sollicitude de notre grand chancelier pour l'agriculture et l'industrie ; vos propositions pourraient le blesser, l'indisposer ; laissons lui le soin de nos intérêts; il les connaît aussi bien que nous et saura mieux les défendre.* » Aussitôt le calme se rétablit; un vote de confiance à l'égard du chancelier termine la réunion.

Quelques semaines après, la prime d'exportation était *augmentée.*

Mais quelques intéressés patriotes français avaient déjà garni les immenses magasins de leurs raffineries de sucres allemands. On nous a cité le chiffre de 300,000 sacs.... Et nos fabricants comment écouleront-ils le produit de la campagne de 1884-85?...

Dernièrement, nous visitions les ateliers d'un de nos bons constructeurs; nous y avons découvert un instrument qui nous paraissait être de construction allemande. — « *C'est vrai,* nous dit notre aimable hôte; *mais il me revient moins cher rendu ici que je ne pourrais le fabriquer dans mes ateliers.* »

Nous connaissons un autre constructeur d'instruments agricoles des environs de Beauvais, qui a renvoyé la plupart de ses ouvriers et qui trouve plus lucratif de se faire le revendeur de véhicules venant de l'Allemagne. A-t il tort?... Nous n'osons l'affirmer. Que d'exemples nous pourrions encore citer pour d'autres industries !

Et nous entendrons dire et nous lirons encore que la concurrence étrangère n'est pas la principale cause des souffrances de notre agriculture et, par suite, de notre industrie !...

Pourquoi ne pouvons-nous pas soutenir la lutte? Les conditions ne sont pas égales. En France, des charges énormes pèsent sur notre pauvre agriculture; elles ne sont nullement en rapport avec la production et la vente. La terre non bâtie paie environ 900 millions, c'est-à-dire presque la moitié de son rendement, soit en impôt foncier, enregistrements, centimes départementaux et communaux, prestations, etc. En réunissant tous les impôts, on constate que le contribuable français paie 115 fr.; l'Allemand n'en paie que 50, l'Anglais 70. Un bœuf de 3 à 4 ans a déjà payé chez nous 60 fr. d'impôts quand il arrive au marché. En Amérique et dans l'Inde, le sol est exempt de contributions. Là, chaque individu ne paie que de faibles taxes et la douane suffit à peu près à toutes les dépenses générales et à l'amortissement des emprunts.

Une autre cause fort grave est la rareté et la cherté de la main-d'œuvre. Les ouvriers vont toujours aux gros salaires, au plus offrant. Les immenses travaux de nos grandes villes et les plaisirs qu'elles offrent à l'ouvrier; les grandes industries, protégées souvent au détriment de l'agriculture, ont connu des jours prospères. Tout a contribué à éloigner l'ouvrier des champs, et il n'y reviendra que difficilement. La main-d'œuvre a doublé depuis vingt-cinq ans et les produits du travail n'ont pas augmenté dans cette proportion.

En résumé, l'agriculteur qui ne veut pas aujourd'hui abandonner ses champs travaille, peut-être beaucoup, avec la certitude de perdre de l'argent.

Ce mal dont souffre l'agriculture ne peut que s'aggraver et devenir mortel si on n'y apporte de prompts et énergiques remèdes.

Pour nous, il y en a de deux sortes : 1° ceux dont elle ne dispose pas ; 2° ceux dont elle dispose.

Ceux à qui la France a confié ses destinées ont le pouvoir et le devoir d'appliquer les premiers. Ne pouvant, quant à présent, diminuer les impôts, malgré les promesses réitérées, *il faut qu'à la frontière les produits étrangers soient taxés en proportion de l'impôt payé par nos produits.*

L'Etat républicain doit être essentiellement protecteur de la vie et des intérêts des sujets. dont il est le mandataire; c'est son rôle principal. Pourquoi, en effet, des armées permanentes, une police, des douanes?... D'ailleurs, s'il ne protège pas la patrie, il protège l'étranger. Ainsi, sous le régime actuel, ne faisant pas payer aux produits étrangers ce qu'il fait payer aux nôtres, il les protège.

Mais nos gouvernants, éclairés et sollicités de toutes parts, veulent enfin entrer dans la voie de la protection.

La loi déjà en vigueur sur les sucres est un commencement de preuves. Un autre projet sur l'entrée des bestiaux étrangers est déposé par le Ministère et va être, nous l'espérons, prochainement discuté. Quant au blé et autres denrées agricoles, il en est encore fort peu question. Que les cultivateurs s'unissent pour formuler des vœux, signer des pétitions ; qu'ils se préparent surtout pour les prochaines élections à envoyer des d'hommes connaissant leurs besoins et capables de défendre leurs intérêts compromis.

Voici les conclusions de la pétition votées unanimement par *l'Association bretonne* et envoyées aux Députés :

1° Que le tarif général douanier soit immédiatement augmenté sur toutes les matières non soumises aux traités de commerce, d'une façon telle que l'agriculture française puisse lutter contre la production étrangère.

Qu'en conséquence, les droits *minima*, à percevoir par les douanes françaises, soient ainsi fixés par le Parlement :

Blés............	5 fr.	par quintal.
Céréales autres..	3 —	—
Farines.........	9 —	—
Bœufs..........	60 —	par tête.
Vaches..........	40 —	—
Porcs...........	15 —	—
Porcs de lait....	3 —	—
Moutons.........	7 —	—
Viande fraîche....	20 —	par 100 kilos.
Viande salée	15 —	—

2° Que le même tarif général soit augmenté dans *toutes ses parties* au fur et à mesure de l'extinction des traités aujourd'hui existants.

Quelques soi-disant *amis du peuple* qui le trompent et s'en servent trop souvent comme de marche-pied, se récrieront peut-être et accuseront l'agriculture de vouloir l'*affamer* ; ils surnommeront volontiers *pain-cher* tout homme qui se mettra en avant pour défendre les intérêts agricoles français, de préférence à ceux de l'étranger. Un gouvernement sage et libéral n'écoutera pas ces voix discordantes, il prendra sérieusement en main la cause du paisible travailleur des champs, de celui qui n'a d'autre ambition, d'autre politique, que celle de l'ordre et du travail. D'ailleurs, aujourd'hui, l'ouvrier mange-t-il du pain à bon marché ?.... il serait bien avancé de le voir diminuer, si sa bourse est vide et s'il n'a pas le moyen d'y mettre quelques pièces de monnaie !...

Les faibles augmentations de tarifs demandées ne peuvent guère influer sur le prix des objets de consommation, si on les met en rapport avec le prix de vente des matières premières.

Le rôle de l'Etat sera encore de favoriser l'instruction agricole ; de rendre les moyens de transport à l'intérieur plus abordables et plus équitables ; de mettre en évidence, d'encourager, de récompenser largement les agriculteurs éminents qui rendent de grands et loyaux services au pays plutôt que de les reléguer aux rangs inférieurs de la société quand il s'agit d'un honneur ou d'une distinction.

Les moyens dont dispose le cultivateur pour sortir de la crise ne doivent pas être négligés. Nous ne dirons pas comme ces grands prêcheurs, qui ne voudraient jamais s'appliquer leurs théories qu'il faut que l'agriculteur change son genre de vie trop dispendieux.

Si l'on entendait par là le luxe offensant l'amour immodéré du jeu et du plaisir de quelques rares exceptions, nous serions d'accord. Mais est-ce que l'homme des champs, le brave et courageux cultivateur n'a pas le droit, et nous dirons même le devoir d'accorder à lui-même et aux siens le bien-être que peut lui procurer le fruit de son rude labeur?... D'ailleurs n'a-t-il pas besoin de santé, de gaieté et de plaisirs honnêtes pour soutenir et embellir un peu son existence si utile?

Ce à quoi il doit appliquer toute son intelligence, toute son énergie, tout son savoir-faire, c'est à l'amélioration et au perfectionnement de ses méthodes culturales. On objectera peut-être que les capitaux lui manquent, — il y a du vrai; mais ceux qu'il possède pourraient être mieux employés. — Ainsi, en maints endroits, vu le bas prix des céréales, il est urgent de restreindre les terres en culture et d'étendre la sole des fourrages, afin d'avoir un nombreux bétail, d'abondantes fumures, des produits maximums, moins grevés par la main-d'œuvre, et par suite plus rémunérateurs.

Dans le choix des plantes et de leurs variétés, il devra prendre les plus productives et qui sont de meilleure vente.

Les cultivateurs les plus intelligents de l'Oise et de beaucoup d'autres contrées sont déjà entrés dans cette bonne voie et n'auront pas lieu de s'en repentir.

C'est en combinant et en faisant converger tous ces moyens que, dans un temps plus ou moins rapproché, l'agriculture reviendra à la prospérité que nous appelons de tous nos vœux.

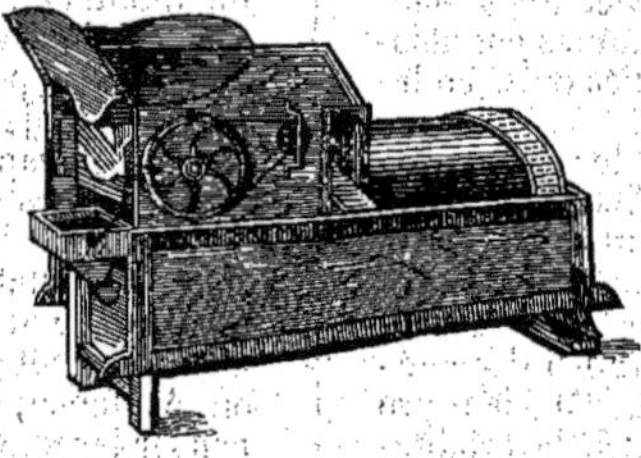

XI.

Les Prairies.

EXTENSION DE LA CULTURE HERBAGÈRE.

Si tu veux des blés, fais des prés.
(J. Bujault.)

Depuis quelques années on parle et on écrit beaucoup sur l'extension de la culture herbagère. Partout de grandes étendues ont été transformées en prairies temporaires ou permanentes et on continue toujours dans cette voie. La crise agricole actuelle en est la cause. Le cultivateur sait fort bien que la main d'œuvre agricole est rare et chère aujourd'hui.

Les plantes industrielles, comme les céréales, ont perdu de leur importance; elles ne donnent que de médiocres résultats financiers, pour les raisons que nous avons développées précédemment.

La viande et les autres produits animaux sont encore de bonne vente. Leur production demande beaucoup moins de main-d'œuvre et leur transport est facile.

La culture herbagère qui permet d'entretenir un nombreux bétail et par suite d'avoir des engrais en abondance, appliqués sur des espaces restreints, pour en obtenir des produits maximums; telle est la ressource agricole qui doit améliorer le sort de beaucoup de cultivateurs français.

L'Angleterre l'a compris avant nous; les deux tiers de son territoire produisent des plantes fourragères; il est vrai que le climat et le sol s'y prêtent admirablement. La Hollande et la Suisse ont plus de la moitié de leurs terres en herbages; la France n'en a guère que un huitième.

La prairie repose et par suite améliore le terrain; les mauvaises plantes ne résistent pas dans les pâturages bien soignés. Il n'y a aucun danger d'étendre l'exploitation herbagère dès qu'elle est d'un bon rapport; d'ailleurs il est toujours facile de la rompre et les cultures qui lui succèdent sont toujours lucratives.

On appelle *prairies* des terres engazonnées avec des plantes de la famille des graminées et quelques légumineuses.

Elles prennent le nom de *pâturages* quand les herbes sont consommées en vert et sur place par les animaux.

Les produits des prés sont l'alimentation naturelle et indispensable de tous les herbivores. C'est la nourriture la plus hygiénique et ordinairement la plus économique.

La stabulation n'est pas l'état normal des animaux; elle est la cause de beaucoup de maladies dans les herbivores. Le Palatinat et d'autres contrées allemandes ont vu disparaître les maladies endémiques sur le bétail dès qu'on l'a envoyé au pâturage.

Sol. — Il faut une certaine humidité naturelle ou artificielle dans le sol pour obtenir des produits abondants dans la culture herbagère.

Une terre à sol et à sous-sol léger et sec ne donnera une prairie convenable qu'autant que l'on pourra arroser ou irriguer.

Pourtant un agronome allemand du nom de Goëtz a obtenu de très beaux résultats sur des terrains légers et de qualité fort médiocre. Il prétend pouvoir créer la prairie naturelle partout. Son système n'est pas une invention nouvelle; il consiste à concentrer de fortes fumures sur les terrains ensemencés avec des graminées qui leur conviennent; le *ray-*

gras est pris comme base. L'important est de savoir si les produits sont en rapport avec les dépenses et si ces prairies peuvent durer longtemps. Nous pensons que non ; les plantes employées pour la création des prairies ont leur terrain de prédilection, et si par le fumier ou les amendements on parvient à modifier pendant quelque temps les aptitudes chimiques et physiques d'un sol, la nature, tôt ou tard, reprend toujours son droit.

La qualité des herbes d'une prairie dépend du sol et de l'espèce ou du genre botanique des plantes qui la constituent. Les herbes des terrains sains et un peu secs sont plus sapides et plus nourrissantes que celles des terres humides. Le lait, le beurre, la viande des animaux participent aux qualités des plantes consommées.

Création des prairies. — Il est essentiel de bien étudier le sol, le sous-sol et les propriétés physiques et chimiques de terrains sur lesquels on veut créer des prairies permanentes. Il faut ensuite le labourer profondément et mieux encore le défoncer. Le sol ainsi travaillé garde toujours de la fraîcheur à une certaine profondeur et la sécheresse a moins d'influence. Pendant les années trop humides l'eau s'écoule plus facilement dans le sous-sol, à travers cette couche de terre remuée. Les mauvaises herbes, les mauvaises graines doivent être soigneusement détruites. Il ne faut pas oublier l'assainissement, le nivellement, la disparition des pierres, des gros bois morts, etc.

Choix des plantes. — Ce sont surtout les plantes de la famille des graminées qui constituent les prairies naturelles. En général, celles qui donnent les meilleurs foins appartiennent aux genres *Paturin*, *Ivraie*, *Avoine*, *Fétuque*, *Fléole*, *Vulpin*, *Houque*, *Dactyle*, *Flouve*. Les genres *Brome*, *Brize*, *Chiendent* fournissent aussi quelques plantes qui, sans être très-nourrissantes, tiennent leur place dans les foins de bonne qualité.

Nous basant sur l'expérience des meilleurs agronomes et sur nos propres essais à l'Institut agricole, nous donnerons diverses compositions de graines suivant les terrains, puis celles qui conviennent indifféremment à tous les sols.

Terrains tourbeux et marécageux. — L'*Agrostis* des chiens (agrostis canina), quoique un peu dure, elle est sapide et convient aux vaches et aux chevaux.

Phalaride roseau (Phalaris arundinacea); son foin est assez plat et dur, mais les chevaux le mangent bien l'hiver.

Agrostis (agrostis stolonifera), fourrage tendre doux ; pousse avec rapidité, talle parfaitement et garnit bien une prairie.

Fléole des Prés (phleum pratense), donne un fourrage abondant et de bonne qualité — elle fleurit un peu tard ; tous les bestiaux la mangent bien, surtout à l'état vert. Les Anglais en font grand cas dans leurs prairies un peu humides.

Vulpin roseau (alopecurus arundinaceus); il est très productif, mais devient un peu dur à la maturité ; alors il n'est bien mangé que par les chevaux.

Paturin commun (Poa trivialis) et aquatique (P. aquatica) ; plantes qui donnent des produits abondants et de bonne qualité, surtout dans les terrains humides ; il faut les faire paturer fréquemment plutôt que de les faire faucher. Ils sont très résistants aux sécheresses et à la dent des animaux, souvent meurtrière pour d'autres plantes.

Fétuque flottante (Glyceria fluitans), F. roseau (festuca Elatior) F. des prés (festuca pratense); elles sont recherchées des animaux au paturage, durcissent un peu par la dessiccation ; mais conservent un arome agréable.

Houlque laineuse (Holcus lanata) et molle (H. mollis); plantes précoces, aimées de tous les animaux, recherchées surtout par les moutons ; repoussent rapidement, mais durcissent quand elles montent.

Dactyle, *Pied de Coq* (Dactylis glomerata); d'une végétation très vigoureuse, est bien mangée en vert, mais durcit quand elle monte en graine.

Avec ces graminées, on trouve ordinairement, la *gesse* des marais, le *Lotier*, le trèfle rampant, la reine des prés, les carex, les joncs, l'equisétum ; ces derniers sont surtout mangés par les chevaux.

PLANTES QUI CONVIENNENT AUX TERRAINS FRAIS DANS LESQUELS DOMINE L'ARGILE.

Nous pouvons indiquer la plupart des espèces d'*avoines*, surtout *avena elatior*; plantes rustiques et qui fournissent un fourrage abondant et de bonne qualité.

Dactylis glomerata. Très vivace ; pousse rapidement, mais durcit vite.

Fétuques (F. elatior, ovina), conviennent surtout aux chevaux et aux moutons.

Fléole des Prés (déja décrite).

Chiendent (Triticum repens), est très sapide pour le bétail ; repousse avec une rapidité étonnante, surtout quand on l'arrose avec du purin.

Paturin des Prés (Poa pratensis), fait un excellent gazon à pâturer dans ces sortes de terrains ; il perd peu à la dessiccation ; est précoce.

Vulpin des Prés, *Queue de Renard* (Alopecurus pratense), est remarquable par sa précocité et l'abondance de ses produits ; demande à être pâturé ou fauché souvent.

Ray-Grass anglais, *Ivraie vivace* (Lolium perenne). C'est une des meilleures graminées pour ces terrains ; elle donne un gazon serré, rustique ; forme des pelouses d'un vert foncé ; résiste bien au pâturage des chevaux.

Ray-Grass d'Italie, *Ivraie d'Italie* (Lolium italicum). A la tige plus élevée que la précédente ; talle moins, est plus précoce ; aime beaucoup les arrosages aux engrais liquides.

Sur les terrains frais, on joint généralement à ces graminées le Trèfle blanc (*Trifolium repens*), le grand Lotier (*Lotus major*), la Luzerne maculée (*Medicago maculata*).

TERRAINS NATURELLEMENT UN PEU SECS OU EXPOSÉS A LA SÉCHERESSE.

Poa nemoralis; très précoce, son foin est assez abondant ; les animaux en sont très-friands.

Les *Avoines (Av. elatior, pratense, pubescens)* produisent bien aussi dans ces terrains, à la condition qu'elles sont pâturées de bonne heure.

Flouve odorante (*Anthoxanthum odoratum*) ; elle est précoce, donne aux fourrages et aux produits des animaux son odeur balsamique ; talle beaucoup dans les sols légers, mais féconds.

Le *Triticum repens* (*Chiendent*) résiste aux plus grandes sécheresses et conserve quand même sa couleur verte et son active végétation. Il est plus fin et de meilleure qualité que dans les sols compacts et humides.

Les *Bromes* (*B. sterilis*, *mollis* et *erecta*) réussissent très bien ; mais ils sont de médiocre qualité et demandent absolument à être pâturés jeunes.

Les *Ray-grass* restent généralement petits dans ces sortes de terrains, mais acquièrent des qualités nutritives très appréciables.

La *Fétuque des Prés* et la *Fétuque ovine* donnent là un pâturage fin, mais peu abondant.

On peut joindre à ces graminées le *Trifolium* (*Alpestre*, *Alpinense*, *rubens*, *pratense*) ; la *Minette* (*Medicago lupulina*) ; le *Sainfoin* (*Onobrychis*) ; des plantes de la famille des rosacées : *Pimprenelle*, *Lotier corniculé*, etc., et diverses autres plantes qui doivent y entrer en petite quantité : *Carotte sauvage*, *Panais sauvage*, diverses variétés de *Plantains*, la *Scabieuse*, la *Brize tremblante*, l'*Origan*.

Voici une composition qui a donné à maints endroits de très bons résultats sur des terrains limoneux, comme ceux des plateaux des environs de Beauvais :

Avoine jaune..........	1 k.
Fléole des prés (timothy).	2
Dactyle pelotonné (pied de coq)............	6
Houlque laineuse (holcus lanatus)...........	5
Ray-grass anglais et d'Italie mélangés.........	8
Paturin commun (poa trivialis)..............	2
Flouve odorante........	3
Avoine fromental.......	4
Lupuline ou Minette....	2
Trèfles, blancs, violet et hybride mélangés....	6
Total......	41 k. p. 1 hectare.

Une plante que nous voyons fréquemment dans les mélanges vendus par quelques grainetiers, est la *cretelle* (cynosurus cristatus); quelles sont donc les qualités que lui trouvent ces derniers?... Elle est toujours laissée par les animaux aux pâturages; sa dureté et sa ténacité sont telles que si elle avait plus de taille on pourrait en faire d'excellents liens..... Dans une prairie nouvellement créée chez un cultivateur de nos amis, elle était dominante... Aussi après le pâturage on aurait pu faire passer la faux pour nettoyer le terrain.

Prairies temporaires. — On constate maintenant dans notre région du nord que les plantes des prairies artificielles, telles que : luzernes et sainfoin, ne donnent plus les mêmes résultats qu'autrefois.

Suivant l'exemple de l'Angleterre on les remplace aujourd'hui par des graminées qui n'ont sans doute pas les mêmes qualités fourragères, mais qui fournissent des produits abondants.

Les agriculteurs de notre arrondissement qui ont fait ces essais s'en trouvent fort bien et sont disposés à les continuer. Voici les principales graminées qui doivent être employées dans une bonne terre moyenne.

Dactyle, Avoine élevée, Fléole des prés, Ray-gras, Fétuque élevée. On met environ 6 kil. de chacune par hectare et on y joint un mélange de 10 kilos de sainfoin, luzerne et trèfle.

Il faut couper ou faire paturer de bonne heure ; on peut ainsi avoir un rendement considérable pendant trois ou quatre ans, puis remettre ces terrains dans l'assolement ordinaire. La terre s'est reposée et nettoyée tout en donnant des nourritures saines et abondantes pour le bétail.

Epoque et mode de semis des prairies. — On renonce généralement aujourd'hui à l'habitude de semer la prairie dans une céréale d'automne ou de printemps.

La terre étant bien travaillée, nettoyée et fumée, les graines, choisies suivant le terrain, on procède au semis soit en mars ou dans le courant du mois d'août ; nous préférons la première époque. On divise les graines des graminées en deux lots, suivant les densités, pour les répandre plus régulièrement; puis on sème celles des légumineuses. Une herse légère suffit pour le recouvrement ; souvent même on se contente de rouler fortement à plusieurs reprises ; quelquefois on fait parquer le terrain ensemencé. S'il survient un peu de pluie, on voit la terre commencer à verdir au bout de 8 jours et déjà on peut juger si l'opération est bien réussie. Il est bon de passer encore le rouleau quand les jeunes plantes ont atteint 5 à 10 centimètres; pour raffermir la terre soulevée par la germination de ces multitudes de graines.

Il ne faut pas oublier que la dent du mouton et du cheval est meurtrière pour les jeunes prairies. Il vaut donc mieux les faire pâturer d'abord par les animaux de l'espèce bovine.

Il est mieux encore de faucher la première coupe et de rouler ; ainsi, les plantes tallent bien et repoussent avec une nouvelle vigueur et peuvent ensuite être pâturées.

Nous avons vu parquer des prairies nouvellement créées ; mais les herbes les plus fines, rongées jusqu'à la racine, ont à peu près disparu ; les plantes les plus rustiques et les plus grossières seules ont persisté.

Il n'est pas besoin de dire que la première année de création d'une prairie il ne faut négliger aucun soin de propreté de nivellement; les mauvaises herbes, les pierres, les taupinières doivent disparaître ; on met aussi quelques poignées de bonnes graines aux endroits qui seraient un peu clair semés, afin d'avoir un gazon uniforme et bien fourni.

Nota. — Pour des raisons économiques plus ou moins bien comprises, quelques cultivateurs, au lieu de semer un choix de graines en rapport avec la nature du terrain, ainsi que nous l'avons indiqué, se contentent de celles qu'ils ont recueillies après le bottelage ou dans les fonds de greniers ; le succès est beaucoup moins certain. Dans ce mélange, en effet, quelques graines ne sont pas mûres ; d'autres ont perdu leurs facultés germinatives ; un bon nombre appartiennent à la catégorie des mauvaises plantes, et souvent la plupart ne conviennent nullement au sol de la prairie à créer.

Pour des raisons identiques certains autres cultivateurs, après l'épuisement, la disparition d'une luzerne ou d'un sainfoin conservent le terrain enherbé naturellement. Cette méthode simple et peu coûteuse a rarement donné de sérieux résultats. Les premières plantes qui ordinairement envahissent ainsi un terrain sont étouffantes, épuisantes et salissantes; elles n'ont que peu de qualités nutritives. D'autre part le sol n'a pas une préparation convenable pour permettre aux bonnes herbes de végéter et de remplacer les médiocres et les mauvaises.

Quels que soient les amendements ou les engrais mis à la surface, ils ne produisent jamais les heureux effets de ceux qui sont mélangés avec le sol.

PRODUIT DES PRAIRIES.

Le produit des prairies est très variable suivant la nature du terrain, les plantes qui les composent et leur mode d'exploitation.

Les terrains frais et fertiles fournissent beaucoup plus que les terrains secs ; mais souvent la qualité est en rapport inverse de la quantité.

Certains mélanges de graminées bien appropriés au sol qui leur convient donnent des fourrages très abondants qui compensent les frais de création et d'entretien.

Mais le rapport d'une prairie dépend beaucoup de la manière dont elle est exploitée. Il y a des contrées où les mêmes prairies sont constamment pâturées et d'autres toujours fauchées.

Il ne faut pas ignorer que le fauchage constant épuise beaucoup. En effet, les produits sont enlevés au détriment de la fécondité du sol et souvent sans compensation ; car la plupart des plantes des fourrages secs étant arrivées à maturité sont bien plus épuisantes que celles qui sont pâturées jeunes.

Nous croyons qu'il est mieux de combiner et de varier ces deux modes d'exploitation, soit en récoltant le foin de première coupe pour faire ensuite manger les regains sur place, ou réciproquement.

Le pâturage se pratique de différentes manières : ou bien on abandonne aux animaux un grand espace dans lequel on les laisse en liberté, ou bien on restreint l'étendue et on revient à la même place après avoir fait la rotation de toutes les prairies. Le pâturage au piquet est généralement abandonné pour les prairies permanentes.

Le mélange des diverses espèces animales est en usage dans quelques contrées herbagères, notamment en Normandie. Ce sont des juments, des poulains ou même des moutons qui pâturent avec les bœufs ou les vaches. Certaines plantes laissées par les animaux bovins sont mangées par l'espèce chevaline ou ovine. Ainsi la prairie est très régulièrement pâturée et on ne voit pas toute l'année des touffes d'herbes sèches qui empêchent les bonnes plantes de se développer. Quelquefois, pour éviter les accidents de ce mélange, on fait succéder les animaux dans la même prairie ; on commence généralement par les bœufs ou les vaches.

L'usage de donner de grands espaces à pâturer en même temps est mauvais dans beaucoup de cas. Il est plus avantageux de diviser les grandes prairies en plusieurs compartiments et de faire passer le bétail de l'un à l'autre. Les herbagers expérimentés savent fort bien qu'il vaut mieux faire manger trois ou quatre fois successivement le même espace. En effet, les herbes pâturées en pleine pousse sont plus tendres, plus appétissantes ; elles donnent plus en trois végétations successives qu'en une seule. De là, ils concluent justement qu'il vaut mieux *charger* un herbage d'un plus grand nombre de têtes que n'en comporte son étendue, plutôt que d'en mettre moins. Nous préconisons cette méthode surtout pour les mois de l'année où les plantes prennent un prompt développement. A partir du mois d'août, on peut laisser les animaux en liberté dans plusieurs compartiments à la fois.

Un point capital et parfois négligé, c'est de veiller à ce que les bêtes aient toute facilité pour boire à leur aise une eau saine. Nous avons vu des vaches excellentes laitières tant qu'elles vivaient au pâturage, tarir en peu de temps à l'étable, parce qu'un vacher négligent ne s'apercevait point qu'elles ne buvaient que rarement, l'eau de la mare ne leur convenant pas. — Personne n'ignore que les *buvées* abondantes données à l'étable ou ailleurs poussent beaucoup à la lactation.

SOINS D'ENTRETIEN DES PRAIRIES.

Ils consistent à étendre avec soin les déjections et les taupinières après le pâturage, à faire disparaître les mauvaises herbes, à nettoyer les fossés et les rigoles d'assainissement et à donner, en temps convenable, les amendements et les fumures nécessaires pour entrenir la fécondité.

PLANTES NUISIBLES AUX PRAIRIES.

Quelques-unes n'exercent que peu d'influence sur l'économie animale, d'autres sont de véritables poisons.

Parmi les premières nous distinguons les *Renoncules* à fleurs jaunes, désignées à tort sous le nom générique de *boutons d'or*. Les plus communes dans les prairies basses de notre contrée sont : la R. *acris*, R. *repens*, R. *bulbosus*, R. *auricomus*, la *Ficaire* (herbe aux hémorroïdes), R. *flamula* et *lingua* (petite et grande douve) et la R. *sceleratus*. On y trouve encore, appartenant à cette même famille, le *Caltha palustris* (populage, souci d'eau, à grandes feuilles, fleurit de très bonne heure près des fossés humides). Toutes ces plantes ont un principe âcre et caustique qui les fait délaisser par les animaux à l'état vert. Quand elles ont subi une demi-dessication après le fauchage, elles peuvent être mangées sans inconvénient.

Dans ces mêmes prairies, nous trouvons encore : les *equisetum* ou *prêles*, qui ne déplaisent pas aux chevaux ; les *menthes*, notamment la *menthe aquatique*, dont l'odeur forte repousse les animaux, provoque l'avortement chez les vaches ; la *consoude* à feuillage rugueux ; les *rhinantes* ou *crête de coq*, les *mélanpyres* ; les *euphraises*, notamment l'*odontites* la *patience* (oseille sauvage), les *berces* sont complètement délaissées par le bétail.

Parmi les plantes dangereuses, nous signalerons : la *ciguë* (ressemble au persil, mais a des taches brunes sur la tige et laisse développer une odeur nauséabonde quand on la froisse) ; la *pédiculaire* (scrofularinée qui occasionne le pissement de sang; en grandes quantités dans le foin, elles peuvent occasionner la mort); les *euphorbes*) palustris et verrucosa ont un suc laiteux et très âcre; la *Lysimaque* (L. nummularia), *herbe aux écus*, tige très rampante, fleur jaune et ronde; mortelle pour le mouton; la *Pulicaire* ou (*Inula dysenterica*); la *Colchique* d'automne, donne sa fleur d'un beau rose en novembre et une forte touffe de feuilles au premier printemps.

Le cultivateur herbager doit connaître toutes ces plantes et les détruire à mesure qu'elles paraissent sous peine d'avoir des accidents graves à déplorer.

Nous indiquerons encore les *mousses* et les *lichens* que l'on trouve en si grande quantité dans les endroits un peu ombragés. Le meilleur moyen de les faire disparaître est de donner un vigoureux hersage, d'arroser abondamment à l'automne avec du fort *purin* et rouler ensuite au printemps.

Quelques prairies basses sont parfois envahies par les *joncs;* cela tient à la trop grande humidité du sol; il faut d'abord l'assainir, puis faucher *très fréquemment* les touffes. La plante ne résiste pas longtemps à cette vigoureuse opération.

DES ARBRES DANS LES PRAIRIES.

Les arbres nuisent aux prairies par leur ombre et par leurs feuilles; les *peupliers*, les *aulnes* et les *ormes* sont ceux qui exercent la plus mauvaise inflence. Les pommiers nuisent aussi, mais en revanche ils donnent de précieux abris aux animaux et fournissent des fruits, qui ont beaucoup de valeur.

Il est reconnu que dans un certain nombre d'exploitations normandes le fermage a été payé souvent avec les pommes.

Nous connaissons dans l'Oise des herbages d'environ 60 hectares d'étendue, plantés d'après les méthodes les plus rationnelles, qui ont donné, par les pommes, un revenu annuel de 16.000 fr.

Le phylloxera continuant ses ravages sur les vignobles français, doit faire apprécier plus que jamais les bonnes pommes à cidre. Aussi, des plantations de pommiers se pratiquent partout. Pour qu'ils nuissent moins et rapportent davantage on les plante en quinconce tous les 15 mètres.

Il faut choisir les variétés propres au climat et au terrain; ne prendre que les sujets sains et vigoureux; rejeter les arbres rabougris qui ont tristement vieillis dans des pépinières mal entretenues.

FUMURE DES PRAIRIES.

L'importante loi agricole de la *restitution* doit s'appliquer aussi bien aux prairies qu'aux terres labourées.

Demander toujours des produits et les exporter, sans compensation, c'est évidemment appauvrir le sol et diminuer sa force végétative. N'y a-t-il pas de contrées en France où des prairies sont fauchées ou paturées, de temps immémorial, sans que le propriétaire ait eu la pensée d'y mettre la moindre parcelle d'engrais?.....

Grâce à l'intelligence plus éclairée et plus pratique des cultivateurs de notre région, les choses ne se passent pas ordinairement ainsi. Ils savent, en effet, que dans le foin des prés on trouve les mêmes éléments que dans les tiges des céréales. Que par la vente des animaux ou de leurs produits, beaucoup de principes nécessaires à la végétation herbacée ne rentrent pas dans l'exploitation. Ils ont d'autant plus raison que de grandes étendues de prairies sont de récente création et demandent à se constituer, en quelque sorte, un *fonds de réserve*, que possèdent généralement les prairies anciennes et parfaitement entretenues. Nous connaissons, près de Beauvais, des cultivateurs qui fument leurs jeunes prairies tous les ans. C'est très-bien.

D'après un auteur allemand bien connu, *Stockaerdt*, 100 k. de cendres de foin normal donnent de 8 à 10 de potasse, de 10 à 25 de chaux, de 6 à 14 d'acide phosphorique, de 26 à 44 d'acide silicique, de 0,41 à 1,50 de magnésie; ces écarts de chiffres viennent du climat, du sol, de l'eau, etc., des prairies sur lesquelles on prend le fourrage soumis à l'analyse.

De ces chiffres et du résultat d'autres nombreuses expériences, M. Rautemberg a conclu que les cendres de 100 k. de foin avaient pour équivalents les cendres de 95 k. 4 de blé, 101 k. 4 de seigle, 88 k. 1 d'orge, 52 k. 9 d'avoine, 96 k. 6 de pois, 152 de fèves, 170 de colza.

Il est donc essentiel de rendre aux prairies les principes enlevés par les récoltes.

L'engrais employé le plus communément est le fumier de ferme composé de tous les éléments des végétaux et des animaux. L'herbager lui donne des soins particuliers pour que, au moment de l'application, il ait subi le moins de perte possible. Ordinairement, il est fabriqué pendant l'hiver et réparti sur les prairies à l'automne suivant; il est alors, comme on dit, à l'état de *beurre noir* et profite immédiatement aux plantes. Nous l'avons vu employer à l'état pailleux; il joue alors un double rôle; il sert de couvert et d'abri aux herbes délicates et donne ensuite ses principes fertilisants. Dans ce cas, il est convenable de *ploutrer* au printemps, puis de ramasser ce qui reste de paille avec le rateau ou la herse.

Un des engrais les plus actifs, et dont l'application est facile, est le *compost*, formé d'un mélange de fumier, de chaux, de plâtre, de cendres, de gazons, de curures de fossés ou de cours, de marcs de pomme, de menues pailles, de colombine, de vidange, etc. On dispose chaque substance par lits horizontaux; de temps en temps on arrose le tout avec du purin. L'année d'après, cet engrais est *mûr;* on le coupe verticalement pour opérer le mélange. Distribué en petits tas réguliers dans les herbages, il est épandu à la pelle et produit des effets merveilleux.

Un engrais très actif, mais dont l'effet est de peu de durée, est le purin provenant de toutes les espèces animales. Les moyens de transport de ce liquide sont faciles et peu coûteux. Un simple tonneau installé sur un tombereau ou tout autre véhicule suffit; on l'emplit avec une pompe portative à trépieds, dont le prix n'est guère que de 35 francs. Une planche en arrière pour butter contre le liquide et le répandre en lame horizontale; le tout est d'un prix très modéré et rend de grands services.

On peut aussi se procurer le tonneau à purin des différents constructeurs de l'Oise, notamment de M. *Amiot*, de Bresles, qui a pris la succession de M. Hocq-Legrand; M. *Bonnel-Morlay*, de Bresles; *Lalis*, à Liancourt; signalons encore M. *Déjouy*, à Trye-Château. Ces instruments sont très appréciés aujourd'hui dans la plupart des exploitations agricoles importantes; ils deviennent même indispensables, et le prix d'achat, qui est variable, suivant leur grandeur, est bientôt compensé par les nombreux avantages de leur emploi. Les vidanges mélangées avec de l'eau donnent aussi de magnifiques résultats sur les prairies.

Ces engrais liquides doivent être employés avant ou pendant l'hiver. Après les pâturages ou fauchages d'été, ils activent beaucoup la végétation; mais il faut les répandre le soir ou avant la pluie; jamais avec l'influence de la grande chaleur du soleil; leurs propriétés acides et corrosives agiraient alors trop activement et les gazons seraient brûlés. Une prairie constituée en grande partie par du ray grass d'Italie nous a donné cinq coupes le même été, après l'arrosage au purin.

L'eau est aussi précieuse pour les prairies, car elle sert d'abord de véhicule et de dissolvant pour les principes assimilables par les racines des plantes. Elle rend la température du sol plus uniforme. Son action mécanique et électrique est loin d'être indifférente; mais certaines eaux renferment aussi des principes fertilisants d'une grande valeur. — Nous ne voulons pas nous étendre ici sur les irrigations. Elles n'ont que de rares applications dans notre contrée. Mais combien de bonnes eaux ne sont pas utilisées pour l'agriculture...

Les meilleures sont évidemment celles qui traversent les villages, les cours, et qui, trop souvent, vont se perdre toutes boueuses dans les ruisseaux. De simples rigoles de déviation pourraient les conduire dans une prairie et lui donner ainsi, à bon marché, des éléments de fertilité. Les eaux de lavage des sucreries, distilleries, féculeries, etc., sont excellentes pour les arrosages des prairies.

Les eaux de certaines sources contiennent aussi des sels solubles, de potasse de soude, de chaux, etc. Leur douce température pendant l'hiver active la végétation.

Les eaux des fleuves et des rivières qui charrient des matières ténues, à composition très variable, sont une source de richesse pour les riverains. Il faut les employer avant l'hiver et ne pas les laisses séjourner longtemps sur le même espace; car alors les mauvaises plantes, carex, joncs, etc., prendraient la place des bonnes. Les eaux s'écoulant des montagnes boisées renferment ordinairement un principe acide nuisible aux prairies; il en est de même des eaux trop ferrugineuses et de celles qui traversent des terrains tourbeux.

Il est bon de se procurer des engrais artificiels et chimiques, soit pour les employer seuls ou les mélanger avec ceux qui se trouvent dans l'exploitation. Des engrais riches en *potasse*, en *soude* et en *acide phosphorique*, pris en petite quantité, chaque année, enrichiraient les fumiers et les composts en éléments, toujours en trop faible proportion pour les prairies dans les fumiers ordinaires.

Le sel dénaturé (chlorure de sodium), dont le prix est peu élevé, semé directement sur le gazon à la dose de 5 à 600 k., donne une grande vigueur et surtout beaucoup de qualité aux plantes.

Nous ne conseillons pas les guanos; ils coûtent cher et leur action est de peu de durée.

CLÔTURES DES PRAIRIES.

Il existe des contrées en France où les prairies n'étant pas closes, on est obligé de garder les animaux au pâturage. Ce sont des enfants de 10 à 15 ans qui exercent ordinairement cet emploi. Ils sont aidés par des chiens qui poursuivent, mordent le bétail et deviennent de vrais tourments pour lui.

Notre région, où ce genre de garde était jadis aussi en usage, a fait sur ce point, comme sur beaucoup d'autres, des transformations totales. Aujourd'hui, les prairies sont entourées de clôtures naturelles ou artificielles; les bêtes y paissent librement, tranquillement, et profitent beaucoup mieux de la nourriture.

Le cultivateur aurait grand tort de faire de grosses dépenses pour enclore ses pâturages. C'est de l'argent placé à fonds perdu; il faut donc viser à l'économie, mais ne pas négliger non plus d'établir des clôtures de longue durée et n'offrant aucun danger pour le bétail. Souvent un ruisseau, une rivière peuvent servir de barrière naturelle économique pour une certaine étendue de l'herbage. Quelquefois, en creusant des fossés peu profonds, de 2 mètres 50 à 3 mètres de large, on a un obstacle sérieux contre le bétail, et dans les prairies humides on baisse le niveau des eaux, on leur donne de l'écoulement; le pâturage augmente ainsi de valeur.

Les clôtures les plus en usage dans notre contrée sont les suivantes :

1° On plante des pieux de distance en distance, ordinairement tous les 3 mètres. Sur chacun d'eux et à la même hauteur, on fixe avec des crampons deux ou trois gros fils de fer fortement tendus. Ce sont les pieux qui coûtent le plus cher et qui s'usent les premiers. Il y a quelques années, on achetait des vieilles traverses de chemin de fer de deux mètres de longueur. Ces bois ayant été sulfatés offraient encore une grande résistance contre la pourriture et duraient quinze et vingt ans. On les obtenait à très bon compte;

nous en avons vu acheter à 40 centimes la pièce ; elles ont augmenté depuis, et aujourd'hui il faut mettre 1 fr. 25 à 1 fr. 50 pour avoir de ces traverses bien conservées. On trouve un avantage à les prendre, même à ce prix, quand elles sont en cœur de chêne; car, à cause de leur solidité, on peut les planter à 5 mètres et plus, et vers le milieu mettre des bâtonnets armés de pitons ou une tige de fer pour maintenirl l'écartement entre les trois fils; pour 5 à 10 centimes on économise deux pieux sur cinq. La plupart des prairies du magnifique domaine de Frocourt sont ainsi entourées, et le mètre courant ne revient guère qu'à 75 c. à 1 fr. Au lieu de ces traverses on trouve plus économique d'acheter des rondins à la corde ; on les fait couper de longueur et ils sont employés comme précédemment. Pour conserver la partie enterrée des bois employés pour barrages, on les soumet au sulfatage, à la calcination superficielle ou au goudronnage.

Assez souvent on relie la partie supérieure des poteaux par des traverses en bois ; tantôt on emploie des perches écorcées, tantôt des espèces de soliveaux de forme parallélipipède.

Quelquefois aussi ce sont des bandes de fer de 3 à 4 cent. de largeur sur 3 mill. d'épaisseur. On évite ainsi les accidents auxquels sont sujets les animaux de l'espèce chevaline qui, dans une course rapide, se jetteraient sur des fils de fer alors invisibles pour eux.

On peut voir une clôture de ce genre au haras de *Mello*, chez M. le baron *Seillière;* les poteaux ont 1.50 ; ils sont reliés par deux bandes de fer à la partie supérieure et par un fil de fer à la partie inférieure. Le tout, posé, revient à 1 fr. 80 le mètre courant.

Les barrages avec traverses en bois reviennent un peu plus cher, mais sont très solides; ceux qui entourent les nouveaux herbages créés à la ferme du *Bois* coûtent environ 2 fr.

2° Depuis quelques années on préconise, peut-être à tort, la *ronce artificielle* et la *bande contournée à piquants*. Nous pensons qu'elles peuvent très-bien convenir aux animaux de l'espèce bovine ; mais qu'elles offrent de grands dangers pour le cheval. M. le marquis de Corberon, à Troissereux, est très satisfait de ce mode de clôture. Il existe aussi des barrages mobiles, en bois, que l'on fixe en terre au moyen de chevilles, comme les parcs à moutons. Ils sont très solides, peuvent être soustraits aux intempéries ; leur transport est facile. Ils ont le seul inconvénient de coûter un peu cher. Mais, à tout considérer, comme ils peuvent remplacer tous les autres, peut-être que finalement, ils sont les plus économiques. Ils se vendent par travées de 5 mètres. M. de Corberon en possède une centaine de mètres; ils lui rendent de très grands services.

Nous ne dirons que peu de chose des barrages métalliques ; c'est du luxe ; leur solidité ne répond pas à leur prix.

3° Mais hâtons-nous de le dire, une des meilleures clôtures est la *haie*. C'est elle que doit adopter tout propriétaire agriculteur et tout fermier à long bail. C'est la clôture à peu près unique en Normandie, en Bretagne et dans d'autres pays herbagers. Elle sert aussi d'abri aux animaux.

Diverses essences et divers procédés peuvent être employés suivant les terrains et suivant les localités.

C'est surtout l'*épine blanche* (cratœgus oxyacantha) qui est la plus usitée. Elle est commune partout, rustique, donne ses feuilles et ses fleurs de bonne heure au printemps. On mélange quelquefois de l'*épine noire*, du *charme*, de l'*orme*, de l'*érable*, de la *troëne*, du *fusain*, de l'*acacia*. Nous avons vu aussi de magnifiques haies d'*ajonc*, de *houx*, de *tamarix*, d'*if*.

On les fait à *plat* ou sur *talus*. Pour le premier mode, on bêche ou on laboure l'espace de terrain que doit occuper la haie; pour le second, il faut relever la terre, en creusant une fosse de 1^{m} de large tout le long, de manière que le talus ait 0^{m} 80^{c} de base sur autant d'élévation.

L'épine blanche peut se semer directement sur place ou en pépinière; la seconde méthode est la plus usitée. La plantation se fait en novembre ou en mars. Les plants de 2 ans ayant 20 à 30 c. sont enlevés de la pépinière et mis en place sur deux lignes distantes de 30 c. Quand ils ont atteint la longueur de 1 mètre, on les coupe près de terre, et on fait un nettoyage complet. Des branches naissent à la base, poussent vigoureusement, s'entrecroisent, montent et donnent une haie bien fournie, très défensive.

On a dû mettre un barrage provisoire pour la garantir de la dent et du dégât des animaux.

Il existe une très belle création de ce genre à la magnifique propriété de M. *Budin* fils, à La Saulsay, près La Houssoye.

Quand elle est faite sur talus, le fossé est quelquefois suffisant pour la garantir les premières années.

Dans tous les cas, un simple fil de fer sur le bord de ce fossé empêche les animaux d'en approcher.

4° Dans les environs de Beauvais on construit aussi des haies immédiatement défensives, soit à plat ou mieux sur talus.

On fait arracher des épines dans le bois; elles reviennent à 3 ou 4 fr. le cent. Elles sont coupées à 1 m. 30 environ. A l'automne ou au printemps on les plante sur une seule ligne. Au 2/3 supérieur elles sont prises entre deux gaules maintenues par du fil de fer. Des poteaux de distance en distance donnent de la solidité à cette espèce de palissade. Quand ces épines poussent, les branches s'enchevêtrent et donnent en peu de temps une haie impénétrable.

Nous avons vu perfectionner ce dernier système chez un propriétaire. Sur la même ligne on plante de bons pieux de 10 cent. d'équarrissage, tous les 10 ou 15 mètres. Deux fils de fer parallèles, tendus et fixés par des crampons sur les faces opposées des pieux, remplacent très avantageusement les tringles en bois. On plante les épines comme de coutume et on les introduit entre les deux fils de fer, lesquels sont reliés de distance en distance.

La haie pousse et s'étend; grâce aux fils de fer, elle est impénétrable la première année et se défend très bien contre toute espèce de bétail.

Dans certaines contrées, on laisse monter les haies; dans d'autres, on les taille à la hauteur de 1 à 2 mètres.

Nous croyons que, quand elles sont bien prises du pied, il vaut mieux les laisser; le bétail aime à les fréquenter pour se garantir de la pluie, du soleil ou du vent.

Si elles se dégarnissaient par trop, il faudrait les couper et remettre des pieds là où il en manque.

Les grands arbres dans les haies leur nuisent beaucoup par leurs racines et par leur ombrage.

XII.

Les Prairies artificielles.

Les prairies *artificielles* ou *temporaires* sont celles qui ne durent qu'un temps fort limité.

Elles sont constituées par un petit nombre de plantes de la famille des légumineuses : *luzerne, sainfoin, trèfle*, etc.

La création des prairies artificielles a fait une heureuse révolution contre les anciens systèmes de culture si défectueux en mains endroits.

Avec elles les assolements à court terme ont été abandonnés et remplacés par des rotations plus longues, dans lesquelles la jachère a disparu.

Le bétail a augmenté dans les exploitations; mieux et plus abondamment nourri il donne des produits bien plus rémunérateurs et un engrais riche qui permet toutes les améliorations culturales.

C'est la culture *intensive* qui a remplacé la culture *extensive*.

L'extension de la prairie artificielle a permis au cultivateur de faire des bénéfices sur le bétail tant que la concurrence étrangère et la main-d'œuvre ne sont pas venues briser dans ses mains cet instrument de prospérité.

Outre les avantages des produits fourragers des prairies artificielles pour l'alimentation, produits qui sont deux et trois fois plus considérables que ceux des prairies permanentes, le sol s'améliore considérablement; nous pourrions citer des terres qui ont doublé et triplé de valeur par l'introduction de ce mode de culture.

Aussi les plantes qui constituent ces prairies sont elles appelées *améliorantes*. En effet, elles absorbent, transforment et rendent au sol des éléments de fécondité qui, sans leur concours, resteraient à l'état inerte.

Sans vouloir trancher la grave question, si controversée, à savoir *si les légumineuses ont la propriété d'absorber par leur feuillage l'azote existant en forte proportion à l'état de mélange dans l'atmosphère*, nous devons affirmer avec les nombreux expérimentateurs que, après l'exploitation *rationnelle* des prairies artificielles, la couche arable est plus riche en principes fertilisants, notamment en azote. L'analyse du sol, par la vigoureuse et abondante végétation des plantes qui succèdent à ces légumineuses en est la preuve la plus incontestable.

Il est admis d'ailleurs par les plus savants agronomes que ces plantes, notamment la luzerne et le sainfoin, sont surtout *améliorantes* par leurs racines qui vont puiser dans la profondeur du sol et même du sous-sol les substances minérales et azotées qui, sans cela, seraient perdues pour la végétation.

Il est constaté aussi qu'elles prennent très peu au sol arable et que leurs débris compensent largement et au-delà les pertes occasionnées par l'enlèvement des produits.

Mais la prairie temporaire cesse d'être *améliorante* et devient même *épuisante* si elle reste trop longtemps à la même place, ou si elle y revient trop fréquemment, surtout si les produits qu'elle donne sont exportés au lieu d'être consommés sur place ou à l'étable.

Ici encore la loi de la restitution doit être appliquée.

En effet, ces plantes, par leurs longues

racines pivotantes, épuisent surtout la couche profonde du sol et même du sous-sol et, malgré les riches et abondantes fumures données à la surface, les éléments utiles ne pénètrent que difficilement et lentement dans les couches inférieures.

La terre poreuse agit comme un filtre et retient dans sa couche arable la plus grande partie des substances fertilisantes.

Voilà pourquoi un grand nombre de cultivateurs se plaignent, avec raison, que les luzernes et les sainfoins ne donnent plus aujourd'hui les produits abondants d'autrefois. Beaucoup de terres, comme on dit, en sont *fatiguées*. Souvent la prairie est d'un bon rapport la première et la deuxième année, mais commence à péricliter la troisième et ne donne qu'un rendement insignifiant la quatrième année.

Là où on cultive ces plantes depuis longtemps, il faut laisser la terre se *refaire*. Le meilleur moyen est d'adopter un assolement à long terme, afin que la prairie n'occupe la terre que pendant trois ou quatre ans et ne revienne à la même place que tous les dix ou douze ans.

Nous n'hésitons pas à dire que le cultivateur qui possède des terres riches et *suffisamment pourvues de calaire*, doit se persuader que la prairie artificielle, intelligemment exploitée, est encore la *pierre de touche* de l'agriculture moderne est un des moyens efficaces de conjurer la crise agricole actuelle. En conséquence, il s'efforcera d'assoler ses terres, de telle manière que, à tour de rôle, mais à de longs intervalles, elles soient emblavées en plantes propres à donner une bonne prairie temporaire.

Entrons dans quelques détails descriptifs sur les légumineuses généralement employées dans notre région.

Luzerne (Médicago sativa). Plante vivace de la famille des *Papilionacées*; racine pivotante atteignant 7 à 8 mètres de longueur; feuilles trifoliées, dentées; fleur violette; fruit renfermé dans une gousse contournée en spirale, ressemblant à un petit haricot.

C'est la *reine* des prairies artificielles.

Elle réclame des terres profondes et redoute l'humidité stagnante. Elle végète très difficilement dans les sables arides et sans consistance, et ne se plait guère dans les terres froides.

Les deux variétés plus connues sont : 1° celle dite de *Provence* dont la graine est jaune; ne convient que pour les climats doux du sud et du sud-est. Là, avec le concours de l'irrigation, elle donne 4 à 5 coupes très abondantes. 2° La luzerne du *Poitou*, à graine rousse; elle est plus rustique, supporte une température assez froide, convient parfaitement à notre régon où elle peut donner deux et trois coupes, avec un regain bon à pâturer.

Nous signalerons encore : la *luzerne à faux* (médicago falcata) et la *L. maculée* (Méd. maculata); ces deux variétés viennent spontanément et se multiplient d'elles-mêmes. Touffues et rampantes, elles peuvent donner des produits abondants dans les terrains frais avec les mêmes soins de culture que la luzerne commune; mais nous croyons que, mélangées aux graminées, elles conviennent surtout aux pâturages permanents.

Minette, Lupuline (Médicago lupulina). — La minette est une variété de luzerne, à fleur jaune, ronde, petite; sa tige est molle et n'atteint jamais une grande hauteur. Elle utilise très bien les sols médiocres, secs, calcaires; mais elle donne de meilleures récoltes dans les terrains riches et sains.

Elle est rustique, supporte les grandes sécheresses et résiste convenablement aux rigueurs de l'hiver. On la sème seule ou mélangée à la luzerne et au sainfoin. Elle est précoce, donne sa fleur de bonne heure, et un excellent pâturage pour les moutons, au sortir de l'hiver. Son foin est mou et prend facilement la poussière. Il vaut donc mieux la faire consommer sur place. Dans l'Oise on la fait généralement parquer par les moutons.

Sainfoin (Onobrychis Sativa). — Cette précieuse plante fourragère, aujourd'hui très répandue en France, prend différents noms, suivant les contrées : *Esparcette*, *Bourgogne*, *Crête de coq*, etc.

Ses feuilles sont composées, ailées; ses fleurs sont en panache droit, d'un rose clair; sa graine noirâtre est renfermée dans une gousse rugueuse.

Le sainfoin est une plante rustique pour le climat et pour le terrain; c'est la fourragère des sols maigres, crayeux; là elle enfonce ses grosses racines dans les couches inférieures et peut résister à la plus grande sécheresse. Cependant elle se plaît mieux dans les climats tempérés du nord que sous les chaleurs tropicales du sud. Le sainfoin redoute les sols humides et malsains; la durée de sa végétation est moins longue que celle de la luzerne. Dans les contrées méridionales de la France il est assez souvent préféré à cette dernière.

Consommées en vert et sur place, la plupart des plantes de la famille des légumineuses qui entrent dans la composition des prairies artificielles, déterminent les accidents parfois graves, connus sous les noms de *gonflement*, *météorisation;* le sainfoin, ainsi que son nom l'indique, peut être absorbé sans danger, n'importe sous quel état.

On distingue deux variétés de sainfoin : celui à *une coupe* et le *Sainfoin chaud* ou à *deux coupes*. Ce dernier a les tiges plus grosses, plus longues, plus redressées; ses feuilles sont plus larges; quoique un peu difficile pour le terrain, il doit être préféré au premier, parce que, pouvant être fauché deux fois, son produit est beaucoup plus considérable.

Trèfles. — Les trèfles appelés *trémaines* dans certaines contrées, sont des plantes précieuses par leur rusticité et par les fourrages savoureux et abondants qu'elles fournissent au bétail.

Le genre *Trifolium* comprend un grand nombre de variétés qui se distinguent par leur port, leur couleur, la vigueur et la durée de leur végétation. Ainsi que son nom l'indique le trèfle a la feuille trifoliée; la tige molle; la fleur en *capitule*, plus ou moins fourni et de longueur variable.

La variété la plus cultivée est le *trèfle violet*, appelé aussi *trèfle rouge*, *trèfle des prés* (Trif. pratense). Tantôt il est glabre, tantôt il est velu. Ses feuilles rarement dentées sont presque toujours tâchées de brun au centre. Il vit sous tous les climats et dans tous les terrains; il donne une nourriture abondante et qui plaît beaucoup au bétail. Cependant quand il est fané il convient mieux aux ruminants qu'aux solipèdes. Il augmente la quantité et la qualité du lait de la vache. Le mouton et le bœuf engraissent rapidement avec le trèfle. A l'état vert, les porcs en sont généralement friands; il est très salutaire à la santé des truies qui nourrissent et qui sont très exposées à l'échauffement. Il ne donne guère qu'une bonne coupe chaque année; le regain, parfois très abondant, est pâturé ou mangé en vert, à l'étable; fané, il moisit facilement, devient poudreux, n'est pas sain pour les animaux. Sous un climat maritime et doux, le trèfle est livré au pâturage. Il repousse là avec une grande vigueur et donne ainsi une nourriture verte très sapide, très abondante. Le fanage serait difficile et ne donnerait qu'un fourrage de médiocre qualité. Pour éviter la météorisation, on mélange au trèfle quelques plantes amères et aromatiques.

Trèfle blanc, *Trèfle rampant*, *Trèfle de Hollande* (Trifolium repens). Il se distingue de toutes les autres variétés par ses fleurs blanches portées par de longs pédoncules; sa tige rampe, s'enracine de distance en distance; ses feuilles arrondies sont supportées par un long pétiole.

Importé de Hollande où il est cultivé sur une grande échelle, le trèfle blanc s'est propagé rapidement en France. Plus rustique encore que le trèfle violet, il ne craint ni le froid ni l'humidité. Il vient très bien dans les terrains bas et frais. Là, il donne un fourrage très abondant. Malheureusement quand il est très vigoureux, il a des tendances à s'infléchir, à ramper, alors il pourrit facilement au pied. Il est préférable de le faire pâturer plutôt que de le faner ; il donne un produit plus abondant, plus sain et vit plus longtemps. On l'emploie souvent en mélange avec les graminées pour constituer des prairies permanentes ; il faut en mettre une petite quantité sous peine de le voir étouffer les autres plantes.

Trèfle hybride (Trif. hybridum). — Depuis quelques années on a préconisé le trèfle dit hybride. Sa tige est droite et vigoureuse, ses feuilles larges, ses fleurs nombreuses et grosses, d'un rose brun. De nombreux essais semblent démontrer que cette variété convient surtout aux terrains froids et compacts. Il est plus résistant que le trèfle rouge et donne un produit au moins égal. Il peut être employé comme plante dominante, en mélange avec des graminées rustiques, pour constituer de bonnes prairies temporaires.

Trèfle Elégant (Trifolium elegans). — Il ne diffère du précédent que par ses tiges et ses fleurs moins grosses et ses feuilles tachées de brun. Il vit plus longtemps que le trèfle hybride, même dans les terres à forte consistance, à sous-sol ferrugineux, acides.

Mélilots. — De la famille des papilionacées, les mélilots sont des plantes rustiques qui vivent dans les terrains les plus ingrats ; leurs racines, longues et pivotantes, vont chercher la nourriture et l'humidité dans les profondeurs du sous-sol. Nous avons vu des terres sableuses porter de magnifiques récoltes de cette plante.

Les deux variétés plus connues sont le *mélilot jaune* (melilotus officinalis) (m. macrorhiza) et le *mélilot blanc* ou *de Sibérie* (mél. alba).

Etant des plantes bisannuelles, leur place est dans un assolement à court terme ou bien en mélange avec le trèfle. Les mélilots ont tous une odeur aromatique très agréable. Il faut les faire pâturer ou faucher de bonne heure ; car, après la floraison, les tiges deviennent fibreuses et résistantes à tel point que quelques cultivateurs les ont employées à faire d'excellents liens.

Le *Lotier* (Lotus corniculatus et uliginosus). — Très commun dans les prairies basses et humides, le lotier est une plante d'une très grande rusticité ; sa tige est droite, ses feuilles à trois folioles entières, sa fleur est d'un jaune vif ; sa gousse est cylindrique et sa graine d'un jaune brun est aplatie et ressemble à un petit haricot.

Le *Lotus ulignosus* peut rendre de grands services dans les terrains bas, marécageux, tourbeux, ombragés. Il est très recherché par les animaux. Consommé par les vaches laitières, il leur fait donner un lait de première qualité et un beurre à couleur jaune très recherché.

Après avoir étudié avec attention les plantes qui doivent entrer dans les prairies temporaires ; après nous être rendu compte de leurs aptitudes par rapport au terrain, au climat ; après avoir examiné leurs qualités nutritives, nous avons à traiter de leur culture, de l'emploi et de la valeur de leurs produits.

Création. — Nous savons que les plantes qui constituent la prairie temporaire sont rustiques, quant au climat et au sol ; cependant elles préfèrent les terrains riches, profonds, abondamment pourvus de calcaire. Là seulement elles donnent des produits vraiment rémunérateurs.

D'après de nombreuses analyses, une récolte de 7,000 k. de luzerne sèche enlève au sol 399 k. de matières minérales, parmi lesquelles il y a 70 à 80 k. de chaux. Le sainfoin en contient d'avantage et le trèfle en renferme une notable proportion.

Le succès des prairies temporaires dépend, en grande partie, des soins donnés à leur ensemencement.

Préparation du sol. — Les cultures sarclées suivies d'une céréale d'automne, précèdent généralement la prairie artificielle, par conséquent le terrain a dû recevoir des labours profonds, une fumure abondante. Avant d'ensemencer il suffit donc de travailler le sol comme pour recevoir une céréale de printemps; c'est-à-dire labours, hersages et tous les travaux capables d'ameublir la terre et de la débarrasser des mauvaises herbes.

La plupart de nos cultivateurs de l'Oise sèment la prairie artificielle avec une céréale de printemps, blé ou seigle, orge, avoine. Cette dernière est généralement employée. Dans les terrains frais et pendant les étés humides, l'orge talle beaucoup, sa feuille large et vigoureuse, recouvrant trop le sol, étouffe parfois la jeune prairie.

Elle rend au contraire service aux jeunes plantes pendant les années de sécheresse; les autres céréales, et surtout l'avoine, n'offrent pas ces inconvénients. Mais il est bien certain que toutes ces graminées, semées en même temps que la prairie temporaire, usent le sol aux dépens de cette dernière, surtout si elles restent jusqu'au moment de leur maturité.

Aussi, quelques agriculteurs, en hommes intelligents et pratiques, sacrifient la céréale en la fauchant en vert; la quantité de fourrage fourni, dès la première année, par la prairie compense largement le grain et la paille de la plante coupée prématurément.

Un bon nombre d'autres cultivateurs de notre région, instruits par l'expérience, prennent courageusement la voie du progrès. Ils sèment la prairie artificielle seule, quelquefois même après la cultnre sarclée. Ils retrouvent leurs deux récoltes de céréales après le défrichement. Les résultats obtenus par la plupart d'entre eux ne permettent pas de doute de la valeur de ce mode de culture.

Des mélanges. — A part quelques terrains qui conviennent plus particulièrement à telle ou telle plante : luzerne, sainfoin, minette ou trèfle, dans beaucoup de sols, le mélange de 2 ou 3 légumineuses est préférable. Les unes, plus précoces, donnent leurs produits maximums la première et la deuxième année, et disparaissent ensuite quand la prairie est bien constituée. D'autres, à végétation moins rapide, par leurs longues racines, puisent dans la profondeur du sol et du sous-sol des éléments de fertilité qu'elles rendent en partie à la surface par leurs nombreux débris.

Ainsi le terrain n'est pas épuisé, reste homogène et se trouve amélioré.

C'est ordinairement la luzerne ou le sainfoin qui sont choisies comme plantes *dominantes*. On leur associe tantôt le trèfle, tantôt la minette.

Dans nos nombreuses et instructives visites dans quelques bonnes exploitations de l'Oise et des départements voisins, nous voyons fréquemment ces mélanges et nous sommes heureux d'en constater les bons résultats.

Depuis quelques années, on associe souvent la luzerne au sainfoin. Cette dernière, moins résistante mais un peu plus précoce en végétation, fournit abondamment les premières années. La luzerne a pris alors tout son développement et donne encore de très bonnes récoltes jusqu'à son défrichement. La proportion est 20 kilogrammes de luzerne pour 1 hectolitre de sainfoin.

Personne ne contestera que dans l'alimentation du bétail, ces mélanges sont bien supérieurs aux fourrages qui ne referment que la même plante.

Consommés en vert, ils sont beaucoup moins dangereux; les indigestions, les gonflements, les météorisations, deviennent alors fort rares.

Semis. — On procède généralement au semis dans le courant de mars. Il serait bon de soumettre les graines au *pralinage*, comme pour les céréales; on éviterait ainsi bien des mécomptes. Le criblage n'est pas moins nécessaire; la cuscute et beaucoup d'autres mauvaises plantes n'empoisonneraient pas les prairies.

On sème d'abord la céréale et on la recouvre comme de coutume. On pourrait répandre en même temps les graines de luzerne ou de sainfoin qui demandent à être enterrées plus profondément (environ

20 kilogrammes de luzerne, 3 hectolitres de sainfoin), puis on sème les petites graines (minette ou trèfle), dans la proportion de 5 à 6 kilogrammes. Un léger hersage et un roulage les recouvrent suffisamment.

On se sert aussi avec avantage de quelques semoirs à la volée, comme le *Josse* ou le *Ben-Reid*, lesquels portent dans leur longueur une tige à palettes, qui, mise en mouvement, mélange les grains et les empêche d'obstruer les trous.

On peut également semer en ligne la luzerne ou le sainfoin; puis à la volée les plantes *garnissantes*. Quand ces dernières ont disparu, il est facile de sarcler la prairie et d'empêcher ainsi l'envahissement des mauvaises herbes. — Ce procédé donne les meilleurs résultats dans un bon nombre de fermes de la Flandre et de l'Artois. Nous l'avons vu pratiquer aussi avec grand succès dans l'Oise et dans quelques départements du centre. On obtient ainsi un rendement de un tiers de plus à la récolte et la terre est entretenue dans un état de propreté parfaite.

La première année du semis la prairie temporaire donne rarement même une coupe. Mais si on ne l'a pas associée à une céréale elle peut fournir un bon pâturage en août et septembre. Il ne faut pas oublier que la dent du mouton et du cheval sont meurtrières pour ces jeunes plantes.

RÉCOLTE ET PRODUIT.

On doit récolter les fourrages des prairies temporaires quand la plupart des plantes sont en pleine fleur. Plus tôt, le foin est mou, il a moins d'arôme, et nourrit peu le bétail. Plus tard, les herbes sont dures, ont épuisé le terrain, la seconde et la troisième coupe sont peu abondantes.

Avec les instruments perfectionnés, la récolte se fait promptement. Une bonne faucheuse, habilement conduite, coupe aisément 3 ou 4 hectares dans une journée de 10 heures de travail.

Nous devons préconiser ici l'emploi de la moissonneuse. On baisse le tablier afin de couper aussi bas que possible; en rendant tous les râteaux javeleurs, le fourrage est déposé en petits tas bien réguliers; quelques ouvriers les redressent en moyettes composées de trois javelles reliées à leur sommet. S'il pleut, l'eau s'écoule le long des tiges. Quand le temps est beau, l'air pénètre à l'intérieur, et la dessication est parfaite : les plantes ont conservé leurs feuilles et leur couleur verte. Chaque tas est lié séparément ou bien on les réunit deux à deux; il y a ainsi économie de main-d'œuvre et le fourrage n'ayant subi aucune avarie est de bonne qualité.

Employé depuis plusieurs années à la ferme de l'Institut agricole et dans beaucoup d'autres exploitations des environs, surtout pour la deuxième et troisième coupe, ce procédé a toujours donné les résultats les plus satisfaisants.

Nous n'indiquerons pas les autres méthodes de fanage, elles sont les mêmes que pour les prairies naturelles.

Le rendement des prairies artificielles est très-variable suivant le climat, la nature du terrain, le mode de culture.

Dans notre région du Nord, on n'obtient pas, comme à Madagascar, dix ou douze coupes annuelles de luzerne, ni même quatre à six comme dans la Camargue, le Roussillon et une partie de la Provence; on est heureux quand on peut faire deux ou trois coupes du poids total, variant entre 5 et 8,000 kilog. en fourrage sec.

Le trèfle donne plus dans le Nord et dans le Nord-Ouest que dans le Midi. Dans les environs de Paris, il fournit une bonne moyenne de 6,000 kilog. en deux coupes la première année; la seconde année il ne donne guère qu'une coupe; le reste est pâturé et souvent enfoui comme engrais vert.

Le rendement du sainfoin n'est guère que de 4 à 6,000 kilog. et il va toujours en diminuant à partir de la deuxième année. On comprend que, dans les mélanges, ce sont les plantes *garnissantes* qui fournissent le plus la première année.

EMPLOI ET VALEUR NUTRITIVE.

Les produits des prairies temporaires formées avec des légumineuses sont très-précieux dans l'alimentation du bétail. Une partie est consommée en vert; l'autre, sous forme de foin.

Tantôt on fait d'abord pâturer, puis on fauche la seconde et troisième pousse; tantôt c'est le contraire. Dans le premier cas, il est essentiel d'étendre les déjections, de faucher les herbes laissées par le bétail.

Ce mode d'exploitation offre les inconvénients que nous avons déjà signalés: les pousses tendres, de luzerne, trèfle, etc., sont mangées avec avidité; elles fermentent, développent des gaz qui amènent la *météorisation* ou le gonflement anormal du rumen. Alors le flanc gauche s'emplit; l'animal ne mange plus, ouvre la bouche comme s'il voulait tousser; si l'on ne vient promptement à son secours, il tombe et meurt étouffé.

Voici les remèdes préconisés pour conjurer ce grave accident:

1° Une cuillerée à bouche d'ammoniaque liquide pour un litre d'eau froide; bien agiter pour que le mélange s'opère parfaitement et faire avaler;

2° Se servir de la sonde dite œsophagienne, dont l'une des extrémités est introduite jusque dans le rumen; on ouvre le tube pour que les gaz s'échappent à l'extérieur par l'autre extrémité; son prix est modique et son emploi des plus simples;

3° Quelques cultivateurs donnent à boire un bon verre d'huile; d'autres quelques litres d'eau de lessive. On peut, en un mot, employer, à doses convenables, toutes les substances capables d'absorber les gaz en les transformant en sels dont le volume et le poids ne peuvent pas nuire à l'animal!

4° Enfin, si ces procédés sont inefficaces, il ne faut pas craindre de ponctuer l'animal, soit avec un troquart, ou même avec un couteau bien effilé. La perforation se fait du côté gauche, entre la dernière et l'avant-dernière côte. Si elles ne sont plus apparentes à cause du gonflement exagéré, il faut percer dans le flanc même, en dirigeant la pointe en avant. On met un petit tube dans la plaie pour faciliter l'échappement du gaz. L'animal est aussitôt soulagé, et il ne tarde pas à reprendre ses habitudes ordinaires.

Convenablement récoltés, les fourrages des prairies temporaires ont beaucoup de valeur pour l'alimentation. Celui de luzerne est, sans contredit le plus apprécié. Il convient parfaitemedt à toutes les espèces animales. Le sainfoin est mieux mangé par les chevaux. Les trèfles, au contraire, profitent mieux aux espèces bovine et ovine.

D'après les expériences les plus sérieuses des meilleurs chimistes et agronomes, on admet aujourd'hui que pour remplacer 100 kil. de foin de première qualité des prairies naturelles, il suffit de 80 à 90 kil. de fourrage de prairies temporaires constituées avec les mélanges que nous avons indiqués.

SOINS D'ENTRETIEN DES PRAIRIES.

En vieillissant, quelques prairies artificielles se trouvent envahies par de la mousse ou des herbes traçantes qui leur nuisent beaucoup. Des hersages vigoureux au printemps en détruisent une grande quantité; quelques semaines après un bon roulage rechausse les plantes et leur donne une nouvelle vigueur. — L'épandage des taupinières, le ramassage des pierres, ne doivent pas être négligés. Les engrais liquides répandus pendant l'hiver produisent les meilleurs effets et doublent quelquefois le rendement. Les substances sulfatées et potassiques: platre, cendres, etc., leur conviennent parfaitement.

PORTE-GRAINES.

Nous l'avons déjà dit dans nos précédentes causeries agricoles : les grainiers ne peuvent répondre de la semence qu'ils n'ont pas récoltée et qu'ils fournissent pourtant à des prix quelquefois élevés.

Il est donc économique et prudent de la faire soi-même. Pour cela on choisira les vieilles prairies, exemptes de mauvaises herbes et dans lesquelles la plante dont on veut récolter la graine est rare, mais vigoureuse. Ayant ainsi beaucoup d'air et de lumière, la semence grossit et mûrit parfaitement.

C'est alors que la moissonneuse peut rendre de grands services. Avec elle on obtient, comme pour les céréales, de petites javelles de luzerne ou sainfoin. Mises en petites moyettes la dessiccation s'opère parfaitement, le battage devient facile et la graine est de première qualité.

Pour le trèfle, il faut prendre beaucoup de précautions contre la moisissure. Aussi dans quelques localités on fait ramasser les têtes à la main, ou bien à l'aide d'une espèce de peigne en forme de grande pelle à feu ; on les met sécher par couches minces dans des greniers bien aérés.

On obtient ainsi pour la luzerne et le sainfoin, de 3 à 400 k. de graine, du prix de 2 fr. à 2 fr. 50. Le trèfle en donne une moins grande quantité.

ENNEMIS DES PRAIRIES ARTIFICIELLES ET LEUR DESTRUCTION.

Les uns appartiennent au règne animal, les autres au règne végétal.

Les petits rongeurs, notamment les mulots, font parfois beaucoup de dégats. Quelques graines sont d'abord mangées par eux aussitôt l'ensemencement ; puis, pendant l'hiver ces animaux font dans ces prairies, des chemins, des trous, de nombreuses galeries ; ils détruisent tout ce qui se trouve sur leur passage et sont un fléau pour toute une contrée. Un moyen pratique de les détruire consiste à laisser tremper du blé dans une dissolution d'arsenic, d'en mettre quelques grains à l'entrée des trous. Ce procédé peut être dangereux pour les volailles, près des habitations.

Un autre procédé qui a parfaitement réussi dans plusieurs exploitations des environs de Paris, est de creuser des trous avec une tarrière de 10 cent. de diamètre, de 30 à 40 cent. de profondeur ; les mulots s'y précipitent et ne peuvent remonter ni creuser des galeries à cette profondeur. Quelquefois on place verticalement, de distance en distance, des petits tuyaux de drainage qui affleurent le sol. Des vases étroits et profonds rendraient le même service, mais coûteraient plus cher. Quelques grains empoisonnés mis au fond hâtent la destruction des rongeurs qui se sont laissé prendre.

Signalons quelques insectes qui, parfois aussi, font de grands dégats :

Un petit diptère du nom de *Agromyze*, à pieds noirs ; il s'attaque tout particulièrement à la luzerne. La femelle dépose ses œufs dans le parenchyme de la feuille, la larve se développe, creuse des galeries entre les deux tissus et fait beaucoup souffrir le végétal. Il est essentiel de faucher une luzerne envahie par cet insecte avant l'éclosion des œufs.

Le coléoptère appelé Négril, *Canille babotte* (Calaspis astra), d'une longueur de 7 à 8 mill., fait aussi d'importants ravages dans nos départements méridionaux ; c'est surtout dans le courant du mois de mai qu'il se propage et détruit de grandes étendues de luzerne.

Le *Bombyx du trèfle* (Bombyx trifolium). C'est la larve ou chenille rouge jaunâtre de ce papillon nocturne qui détruit des carrés entiers de luzerne et sainfoin.

L'*Hylaste du trèfle* (H. trifolii). Coléoptère ressemblant à un tout petit hanneton et dont le ver blanc attaque surtout les racines du trèfle, le rend souffreteux et le fait périr.

Le *Charançon* appelé encore *Apion du trèfle*. Petit coléoptère qui vit sur les fleurs du trèfle et les rend stériles.

Nous devons signaler aussi un insecte qui est surtout l'ennemi du sainfoin; c'est un tout petit puceron noir qui s'attache sur le pédoncule de la fleur; les animaux mangent difficilement les herbes et les fourrages qui en sont atteints.

Le cultivateur doit chercher les moyens d'empêcher la multiplication et par suite les dégats de ces insectes; pour nous, les meilleurs consistent dans un travail énergique de la terre au printemps, hersages et roulages répétés; il est bon aussi de semer des substances corrosives, chaux, plâtre, cendres, etc., de faire des arrosages au purin.

Les parasites du règne végétal ne sont pas moins redoutables. Indiquons en premier lieu la *cuscute*, connue encore sous les noms de *teigne*, *teignasse*, *perruque du diable*, *barbe de moine*, *rache*, etc.

On distingue surtout dans ce genre : *cuscuta trifolii*, qui s'attaque principalement au trèfle; la *cuscuta epithymum* ou *alba*, parasite de la luzerne.

Cette plante appartient à la famille des *convolvulacées*; sa tige est très rameuse, sans feuilles apparentes, filiforme, ordinairement rouge brun; les fleurs blanc rosé; sa graine, très petite, est renfermée dans une capsule à deux loges.

La tige volubile de la cuscute enlace la plante qui doit la nourrir et s'y fixe par des crampons ou suçoirs; elle pousse surtout à la fin de mai, et s'étend, en rayonnant, avec une grande rapidité. Les plantes ainsi attaquées ne végètent que misérablement et finissent par disparaître. Séchée, la cuscute n'est pas désagréable aux animaux; elle est sapide et possède des propriétés stimulantes qui la font rechercher par les moutons.

Plusieurs moyens ont été indiqués pour la destruction de cette plante; indiquons brièvement ceux que nous croyons être les plus pratiques et les plus efficaces :

1° Faire parquer par les moutons les taches de cuscute; ces animaux la mangent avidement et leurs déjections finissent par l'étouffer, sans nuire beaucoup à la luzerne;

2° Faucher aussi bas que possible; puis brûler de la paille ou tous autres débris végétaux; quelques semaines après, les bonnes plantes poussent avec une nouvelle vigueur et sont débarrassées de cet importun parasite.

3° Répandre toutes substances corrosives, telles que chaux vive, du sel de cuisine, du sulfate de fer, de la tannée, de la sciure de bois, etc.

L'essentiel est de ne pas laisser mûrir la cuscute; souvent il suffit de l'arracher soigneusement avant qu'elle ait fleuri, pour la faire disparaître.

Indiquons l'*agrostis stolonifera*, connue sous le nom de *trainasse*, qui envahit parfois les prairies temporaires et couvre tellement le terrain que les bonnes plantes sont étouffées. Des hersages vigoureux et fréquents suffisent pour l'empêcher de s'étendre et de dominer les bonnes plantes.

Signalons encore le *Rhizoctonia medicaginis*, cryptogame qui s'attaque aux racines de la luzerne et apparaît sous forme de filaments pourprés; les pieds atteints ne tardent pas à se faner, à jaunir et à disparaître.

Il faut isoler la partie malade par des tranchées de 40 à 50 centimètres de profondeur.

Enfin, la petite *oseille rouge* (Rumex acetosella) apparaît par taches considérables dans les prairies artificielles qui manquent de calcaire. Le marnage ou le chaulage est le moyen le plus efficace de détruire cette plante acide.

Terminons cet important sujet en disant que les cultivateurs ont le plus grand intérêt, non seulement à bien ensemencer leurs prairies artificielles, mais à les entretenir parfaitement pour que leurs produits soient rémunérateurs et que les cultures qui leur succèdent profitent des améliorations qu'elles ont apportées aux sols sur lesquels elles ont végété pendant plusieurs années.

XIII.

Du Bétail en agriculture.

Après avoir dit quelques mots des prairies permanentes et temporaires, il nous semble naturel de parler du bétail qui doit utiliser leurs produits.

Le corps des diverses espèces animales que nous trouvons dans la plupart des exploitations agricoles, est en quelque sorte un *laboratoire* qui transforme les denrées fourragères en viande, lait, beurre, graisse, etc., et fournit la majeure partie des engrais nécessaires à l'entretien de la fécondité du sol.

Aussi, nous croyons, que loin d'être un *mal nécessaire*, comme l'ont prétendu certains utopistes, le bétail est au contraire, la *base*, le *pivot* de notre agriculture. Nous ne cesserons d'engager les cultivateurs à l'augmenter, à le perfectionner, et surtout à l'exploiter avec toute l'intelligence dont ils sont capables. Nous pourrions ajouter que, dans ce temps de crises et de ruines que traverse notre pauvre agriculture française, c'est un moyen de prolonger son agonie pour attendre plus patiemment l'heure de la résurrection.

Aussi les cultivateurs qui n'ont pas encore renoncé à la lutte, doivent-ils étendre leurs herbages, les créer, les entretenir, les exploiter suivant les règles d'une sage économie, et cela dans le but d'avoir des ressources abondantes pour nourrir un nombreux et bon bétail. Mais loin de nous la pensée de conseiller de tout sacrifier à cette spéculation et d'abandonner complètement les autres cultures; ce serait un conseil insensé et anti-patriotique. D'ailleurs tout s'enchaîne en agriculture; il faut un certain équilibre entre la production végétale et la production animale. Supposons que, suivant les conseils de certains soi-disant agronomes économistes, l'agriculteur français renonce complètement à la culture du blé, parce que, en effet, dans les conditions économiques actuelles, elle n'est plus lucrative. Où aura-t-il de la paille pour la nourriture, la litière et la fabrication des engrais? La fera-t-il aussi venir de l'Amérique, de l'Australie, de l'Inde ou même de l'Allemagne?... Il en est de même du grain, denrée alimentaire de première nécessité; nous savons que demander son pain à des nations étrangères, c'est s'en rendre tributaire, c'est leur ouvrir nos portes, nos citadelles; c'est nous mettre, en quelque sorte, à leur merci!... Non, les maîtres du pouvoir en France, quels qu'ils soient, ne voudront et ne pourront condamner le peuple français à réclamer sa subsistance à une nation quelconque?... Mais, pour cela, il faut vouloir efficacement protéger l'agriculture contre la concurrence écrasante et ne pas tarder à voter les taxes demandées à peu près unanimement par les Sociétés d'agriculture.

D'ailleurs, pourquoi ne pas prendre l'argent nécessaire pour équilibrer le budget et *dégrever* l'agriculture, sur des nations voisines ou éloignées, qui s'enrichissent à nos dépens, et, avec notre or forgent des armes pour nous vaincre tôt ou tard?...

Cela ne vaudrait-il pas mieux que de battre monnaie sur quelques pauvres congrégations religieuses qui paient déjà l'impôt du sang, du dévouement à toutes les misères de l'humanité?...

L'agriculteur sérieux commence à prendre pour vaines et trompeuses les promesses si souvent réitérées de mandataires qui s'occupent de leurs intérêts et non des siens, Mais il a le nombre, la raison et le droit pour lui; qu'il les fasse valoir en ce temps de suffrage universel!... Son sort, sa prospérité ou sa ruine sont entre ses mains!... L'ouvrier lui-même serait heureux de payer son pain quelques centimes plus cher, dès qu'on lui assurera du travail; sa vie matérielle est sous l'influence directe de la prospérité ou de la ruine de son patron.

Mais revenons au bétail. Moins sujet aux fluctuations du marché et de la concurrence éloignée, ses produits trouveront toujours un écoulement facile. On ne pourra jamais, quels que soient les progrès de l'avenir, faire des docks de bœufs, de moutons, etc., dont la viande, d'ailleurs, n'aurait pas la même valeur que celle des animaux élevés et engraissés dans nos bons herbages. Les viandes salées, venant de contrées lointaines, ne pourront jamais faire une concurrence sérieuse, — l'épreuve a déjà été faite.

De plus, la consommation de la viande en France augmente toujours à l'avantage de la santé publique; si les taxes proposées sont adoptées et mises en vigueur, pour l'entrée du bétail étranger, nos agriculteurs trouveront bien les moyens d'élever la production et de fournir abondamment nos marchés dès qu'ils verront là de réels bénéfices à réaliser; ils n'auront pas besoin de 50 ou 100 taureaux achetés à un concours avec l'argent de n'importe qui... pour améliorer leurs races...

D'ailleurs la population animale, en France, est déjà représentée par un gros chiffre, 52 millions de têtes dont la valeur est d'environ 4 milliards et demi.

Mais, hâtons-nous de le dire, ce n'est pas tout d'avoir un certain nombre de têtes de bétail dans ses étables; il ne faut pas oublier que, dans toutes les espèces, les *bonnes bêtes seules bien entretenues* donnent des produits rémunérateurs. Nous savons très bien que beaucoup de cultivateurs dans le Beauvaisis et ailleurs sont fort compétents sur le bétail de rente et de travail, et que plusieurs pourraient donner des leçons à maints professeurs et écrivains; ce n'est pas pour ceux-là que nous traçons ces quelques lignes. Mais ne peut-on pas malheureusement constater encore que dans un trop grand nombre de fermes, des meilleures contrées agricoles, le bétail n'est pas bien choisi; l'élevage, l'entretien sont fort défectueux, et par suite le profit, s'il y en a, est petit. La science technique et économique du bétail n'est pas aussi facile que l'on pourrait se l'imaginer de prime abord. Bien connaître les défauts, les qualités, les aptitudes d'un animal est encore un talent peu ordinaire. Il faut du coup d'œil, de l'observation, des termes de comparaison. Il y a un apprentissage sérieux que beaucoup de cultivateurs ne font qu'à leurs dépens. Les leçons d'un homme d'expérience, d'un vrai connaisseur, peuvent être très-utiles. Aujourd'hui, dans la plupart des départements il y a un professeur d'agriculture. L'Oise va probablement sortir de son veuvage : un concours est ouvert pour le mois d'avril. Espérons qu'il en sortira un professeur éminent, capable de distribuer largement, et avec une autorité incontestée, la science agricole et économique qu'on est en droit d'attendre d'un homme désigné par un jury sérieux pour une fonction publique si importante, si honorable et si largement rétribuée. Il sera aussi l'écho fidèle des désirs, des justes plaintes et revendications de ceux dont la seule politique est de gagner leur vie et celle de leur famille en cultivant péniblement la terre.

Ne serait-il pas aussi très utile que, parallèlement à celui qui enseignera l'agriculture proprement dite, un homme très compétent pût donner des conférences zootechniques. N'y a-t-il pas dans chaque arrondissement un bon vétérinaire qui accepterait volontiers cette charge honorable moyennant une juste rétribution? En quelques années, la plupart des propriétaires et des cultivateurs, plus au courant des affections et des maladies du bétail et des causes qui les ont déterminées, seraient aptes à prendre toutes les précautions hygiéniques pour les en garantir, et pourraient donner les premiers soins à une bête malade, en attendant l'homme de l'art. Ainsi, souvent ils éviteraient des pertes considérables résultant de la mort de leurs animaux ou d'une vieillesse prématurée, par suite d'une alimentation défectueuse, de logements insalubres, etc. Des leçons simples, claires, pratiques, données aussi aux premiers enfants des écoles, dans les campagnes, rendraient, croyons-nous, d'immenses services.

Le bétail, disions-nous tout à l'heure, est le *pivot* de toute bonne agriculture. Un homme d'expérience jugera presque toujours de la valeur d'une exploitation agricole par la quantité et la qualité du bétail entretenu. Il n'est pas question ici bien entendu, de quelques fermes situées près des grandes villes, qui vendent leurs denrées en nature et rapportent les engrais pour observer la loi de la restitution.

Nous parlons des exploitations dans lesquelles on consomme les fourrages et on fabrique le fumier. Dans ce cas, qui est le plus ordinaire dans notre beau département de l'Oise, les spéculations sur le bétail sont très nombreuses; mais il en est une, pour chaque ferme, qui doit donner les meilleurs résultats financiers. — C'est évidemment celle-là qu'il faut adopter. Elle sera indiquée par la nature du terrain, l'abondance et la qualité des produits, les débouchés, les aptitudes de l'exploitant, etc., etc.

Pour l'un, ce sera la production et l'élevage du cheval; pour un autre le mouton; pour un troisième l'engraissement du bœuf; et, dans la même espèce, l'un fera la production du lait, vendu en nature ou transformé en beurre; un autre combinera deux ou trois spéculations, afin d'avoir, comme on dit, plusieurs cordes à son arc.

Nous passerons successivement en revue celles qui nous semblent plus pratiques et plus lucratives pour notre région, notamment en ce qui concerne l'espèce bovine. Les exemples ne nous manqueront pas pour chacune d'elles. Nous puiserons nos renseignements à bonne source et nous les donnerons avec le désir d'être utile au plus grand nombre.

SPÉCULATION DU LAIT.

Nous ne croyons pas nous aventurer en affirmant que la spéculation du lait, dans beaucoup d'exploitations agricoles, est aujourd'hui, plus que jamais, celle qui doit donner les meilleurs résultats financiers.

Le lait est, en effet, un aliment complet qui suffirait à lui seul pour entretenir la vie de l'homme; aussi son emploi tend de plus en plus à se généraliser; il joue déjà un rôle immense dans l'alimentation des habitants de nos grandes cités comme de ceux de nos campagnes. Paris seul consomme journellement 250 à 300 mille litres de lait; il en est de même de nos autres grands centres populeux. C'est la grande ressource de la majeure partie de nos populations rurales.

Que de tempéraments faibles, que de santés débiles se sont reconfortés avec ce bienfaisant liquide! Que d'hommes se conserveraient forts, vigoureux et moraux si, au lieu d'abuser de ces boissons alcooliques plus ou moins frelatées, ils dépensaient le même argent à se procurer du bon laitage. Ne serait-il pas plus hygiénique et plus moral de remplacer beaucoup de ces débits où l'on vend, comme on dit, *sur le zinc*, de véritables poisons à nos pauvres ouvriers, par des laiteries qui fourniraient un aliment sain et fortifiant aux courageux travailleurs!... Les élections n'en seraient pas plus mauvaises... Nos mœurs, hélas! n'inclinent malheureusement guère de ce côté...

N'étant pas soumis à l'influence de la concurrence étrangère et à cause de ses nombreuses transformations, le lait aura toujours un écoulement facile.

Parmi les espèces mammifères, la vache, la chèvre, la brebis, l'ânesse, fournissent le lait qui entre dans l'alimentation de l'homme en Europe.

Le lait de la *jument* est employé chez les peuplades errantes de l'Asie centrale. Celui de la *cavale* est très apprécié par les *Tartares*. Après l'avoir soumis à une espèce de fermentation, ils en préparent une liqueur enivrante nommée *Koumiss*, dont ils sont très friands. Les *Lapons* consomment le lait de *renne*. Les habitants de l'Arabie et de l'Afrique septentrionale estiment beaucoup le lait de la *chamelle*.

Le lait de brebis est gras, onctueux, peu sucré; celui de la chèvre est plus lourd, moins gras, d'une saveur et d'une odeur caractéristiques.

Le lait d'ânesse est sucré, très sapide et très agréable, surtout quand les animaux sont nourris avec des herbes succulentes. Il renferme peu de beurre, est d'une facile digestion; aussi est-il fort recommandé pour les maladies de poitrine.

Dans nos contrées du nord et du nord-ouest la vache est à peu près le seul animal exploité sous ce rapport; son lait est un peu alcalin; mais il convient parfaitement aux nombreux usages qu'on en fait dans l'alimentation.

Le Beauvaisis, à climat doux et humide comme celui de la Normandie, avec ses ressources fourragères abondantes et saines, avec ses nombreux et faciles débouchés sur Paris et sur les grandes villes du Nord, est très propice à l'exploitation de la vache laitière. Aussi voyons-nous, de plus en plus, un grand nombre de cultivateurs se livrer à cette importante spéculation. Si leurs bénéfices ne sont pas encore, malheureusement considérables, au moins évitent-ils les grosses pertes de ceux qui veulent, quand même, cultiver, sur de trop grandes étendues, du blé qu'ils vendent 20 francs les 100 kilos, quand le prix de revient est au moins de 25 francs.

Nous comptons, dans le seul arrondissement de Beauvais, des agriculteurs éminents qui ont agrandi leurs étables et les ont peuplées de vaches laitières de premier ordre. Des laiteries centrales se sont organisées à Bresles, à Berneuil, à Auneuil, à Chaumont et ailleurs, et c'est par plusieurs milliers de litres que le lait arrive dans ces établissements, pour être livré ensuite à la capitale ou transformé en beurre et en fromage.

Citons M. *Baclé*, d'Auteuil, qui nourrit largement aujourd'hui un grand nombre d'excellentes vaches normandes, sur d'immenses pâturages de sa création, sur des terres autrefois difficiles à travailler; M. *Lagrenée*, à Frocourt, chez qui l'on peut admirer plus de 100 vaches laitières hollandaises de premier choix, nourries sur une étendue dont la culture nécessitait jadis des frais énormes qui ont occasionné la ruine de plus d'un fermier, alors même que l'agriculture était prospère. Citons encore : MM. *Dodé*, à Saint-Lazare; *de Corberon*, à Troissereux et à Saint-Maurice; *Hamot*, à Rieux-Tillé; *Lesueur* et *Gaudissart*, à Fouquenies; *Dourlent*, à Courcelles; *Soyer*, à Blicourt; *Boulnois*, à Sarcus; *Budin*, à La Saulsay; *Frain*, à Warluis; *Denyse*, à L'Epine; *Famin*, à Saint-Just; *Louvet*, à Haudivillers, et une foule d'autres aussi habiles, aussi méritants, qui luttent avec énergie contre les graves difficultés qui sont venues fondre sur notre pauvre agriculture. Les prairies artificielles et annuelles, les cultures fourragères dérobées : trèfle incarnat, moutardon, navet, chou, etc., ont pris aussi une grande extension, en vue de la nourriture des vaches laitières.

Mais il en est de cette spéculation comme de toutes les autres; elle n'est vraiment lucrative qu'autant qu'elle est conduite avec intelligence et suite. Pour qu'il en soit ainsi, il faut calculer que la production doit largement compenser les frais de toute nature qu'elle nécessite.

Nous avons déjà dit qu'*en général* les rendements maximums étaient les plus rémunérateurs pour l'agriculture. Cela est surtout vrai pour l'exploitation de la vache laitière. Persuadé que les bonnes vaches ne dépensent pas plus que les mauvaises en nourriture et frais généraux, il est donc essentiel que celui qui veut se livrer à cette spéculation choisisse avant tout les bêtes à haut rendement. Loin donc de ses étables les médiocres et les mauvaises laitières !

De plus, nous savons que la quantité et la qualité du lait fourni par l'espèce bovine dépendent de la race, de l'alimentation, de l'âge, etc. Les vaches qui donnent un lait riche en beurre sont dites *beurrières;* telles sont : Bretonne, Normande, Suisse, Jersiaise. Celles dont le lait est moins riche en matières grasses sont dites *fromagères;* telles sont : la Hollandaise, la Flamande, la Picarde, etc.

Suivant que l'on veut vendre le lait en nature ou le transformer en beurre, le choix de la race sera différent. Il faudra aussi tenir compte de la nature de l'herbage, du mode général d'alimentation que l'on peut suivre. La Normande, la Hollandaise préfèrent le pâturage; la Flamande, la Suisse supportent mieux la stabulation.

Toutes choses égales d'ailleurs, nous conseillerons, pour le département de l'Oise, la Hollandaise, la Flamande, la Normande et la Suisse, pour la production du lait.

La Bretonne, introduite dans quelques rares localités, dégénère vite. Quant aux croisements durham et autres, ils n'ont donné jusqu'à présent que de médiocres résultats au point de vue des facultés laitières.

Dans la même race, on trouve des animaux dont le produit est bien différent. Nous ne dirons pas aux cultivateurs de choisir de ces vaches phénomènales donnant 40 et même 51 litres, que l'on trayait cinq fois par jour, comme en citent Thompson et Magne. Nous ne leur conseillerons même pas de rechercher ces autres vaches dont parlent certains auteurs qui n'ont peut-être jamais mis le pied dans une étable et qui, d'après leur dire, fourniraient en moyenne, toute l'année, 10 à 12 litres. Si elles existent, elles sont trop rares. Mais nous leur dirons qu'ils peuvent trouver et entretenir des bêtes laitières qui leur donneront de 6 à 8 litres en moyenne.

La période lactaire d'une bonne vache est, en effet, d'environ 300 jours; à 6 litres et demi, on arrive au chiffre de 1,950. Si le veau consomme pendant les quinze premiers jours environ 100 litres, il reste comme production annuelle 1,850 litres. C'est le nombre que l'on obtient dans quelques vacheries dont nous parlions à l'instant; car il faut tenir compte des saillies manquées, des parts difficiles, des avortements, des maladies, telles que cocotte; tous accidents qui, étant répartis sur une étable, donnent un taux de 12 à 15 p. 100. Mais les bêtes qui donnent 2,500 à 3,000 litres ne sont pas très-rares.

Nous savons aussi que les jeunes bêtes au premier velage, c'est-à-dire vers 3 ans, donnent moins que les bêtes adultes qui ont atteint 5 ans. Nous nous sommes demandé, sans trouver une réponse satisfaisante, pourquoi, dans quelques cantons de la Normandie que nous avons visités, comme Camembert, Livarot, Saint-Pierre-sur-Dives, etc., on fait véler les génisses à 2 ans ou à 30 mois?

L'alimentation exerce aussi une très grande influence sur la quantité et la qualité du lait. Il est reconnu que parmi les herbages, les uns portent à la graisse, à la viande; d'autres à la lactation. En général, les prairies basses conviennent mieux pour l'engraissement.

Les prairies naturelles créées par les procédés que nous avons indiqués et avec des plantes choisies, doivent être favorables au lait et à la graisse.

Les aliments aqueux et ceux qui ont subi l'opération de la cuisson ou d'une fermentation normale alcoolique augmenmentent généralement la quantité de lait.

Nous avons vu, à Paris même, des vaches nourries aux aliments cuits donner pendant *deux ans* de suite une moyenne de 8 à 10 litres; c'étaient, comme nous l'avons dit en commençant, de vrais *laboratoires vivants*; mais après cette abondante lactation, la plupart de ces vaches, quoique ayant parfaite apparence, étaient atteintes de la poitrine.

Les grains, les farineux, certains tourteaux, notamment celui de colza, augmentent sensiblement la quantité et la qualité du lait. La carotte, le panais, le rendent jaune, butyreux; les drêches, les choux, les pulpes de sucrerie et de distillerie, *donnés seuls*, fournissent un lait aqueux, ayant parfois un goût peu agréable.

A Jersay, on nourrit les bêtes à lait avec un très grand soin. Quand on veut avoir du beurre, on ne donne pas les mêmes aliments que pour augmenter simplement la quantité de lait. Certains propriétaires font manger leurs vaches laitières toutes les deux heures.

Il faudra enfin se rappeler que dans la même race il y a des vaches dont les aptitudes lactifères sont bien plus prononcées que chez d'autres. Nous allons résumer ici les signes qui nous paraissent les plus caractéristiques : peau fine et souple; poil fin et luisant; ossature fine mais assez anguleuse; tête fine et légère; yeux grands, bien ouverts; cornes fines et luisantes; cou effilé et droit; fanon peu développé; poitrine ample; côte ronde; ventre souple et assez volumineux; pis carré, volumineux, à poils rares ou soyeux, flasques et mou après la traite; veines lactifères (sous le ventre), grosses, sineuses, variqueuses; hanches écartées; queue plutôt aplatie que ronde, fine, descendant plus bas que le jarret; écusson de Guénon (c'est-à-dire les poils qui vont en remontant sur le périnée, en dessous de la vulve), large du haut en bas; pas d'interruption, pas d'épi.

Nous avons expérimenté souvent ce dernier signe; il coïncide presque toujours avec les précédents; ainsi les écussons dont la forme a fait donner aux vaches les noms de :

Flandrine (celle dont l'écusson commence à la vulve, est large et s'étend sur les cuisses et sur le pis).

Liserine (celle dont l'écusson a même forme, mais beaucoup moins large).

Equerrine (écusson en forme d'équerre).

Cordiforme (écusson en forme de cœur).

Ils sont un indice sérieux de laitières de premier ordre.

LE LAIT ET SES USAGES.

Ce n'est pas tout d'avoir créé des ressources fourragères pour nourrir de ces laitières choisies donnant, 7 à 8 litres; il est essentiel que la vente des produits soit supérieure à la somme des frais qu'ils occasionnent. Pour atteindre ce but, le cultivateur s'efforcera d'obtenir la nourriture au plus bas prix; puis il règlera et surveillera la distribution des aliments, se rappelant que la partie absorbée et digérée est la seule qui profite. Il n'oubliera pas qu'un animal est un coffre; on ne peut lui demander que ce qu'on lui donne; par conséquent la ration de production sera toujours en rapport, par la quantité et la qualité, avec le rendement que l'on veut obtenir.

La traite des vaches laitières sera régulière et complète; les soins hygiéniques ne seront pas négligés. On n'abandonnera pas, en un mot, sa vacherie à un employé plus ou moins intelligent, plus ou moins fidèle.

Est-il plus avantageux de vendre le lait en nature ou de le transformer en beurre, en fromage ou en viande?.... Cette question fort complexe demande une étude sérieuse et approfondie pour être bien élucidée. Nous aurons occasion d'y revenir. Déjà pourtant nous croyons pouvoir dire que dès qu'on peut vendre régulièrement le lait pris à la ferme de 12 à 15 centimes, il vaut mieux le livrer en nature. On évite ainsi bien des accidents et beaucoup d'embarras; le capital circule et doit rapporter des bénéfices entre les mains d'un homme habile.

Des sociétés se sont fondées autour de Paris et dans les principaux centre de production. Un capital important permet à ces laiteries centrales de réunir d'énormes quantités de lait, conservé et travaillé par les méthodes les plus perfectionnées et vendu ensuite sous diverses formes à des prix très rémunérateurs. Ces établissements paient le lait au producteur de 11 à 13 centimes. Ils le revendent en gros, aux détaillants de Paris, 20 à 22 centimes. Ceux-ci le livrent aux particuliers à 25 et à 30 centimes.

Quant au lait des vacheries de Paris, appartenant à ce qu'on appelle les *nourrisseurs*, il est vendu 35 à 40 centimes. Trait sur place, il n'est jamais cédé à moins de 50, 60, 75 centimes et même 1 franc. Nous connaissons des cultivateurs tels que MM. Stanislas Tétard, à Gonesse, Maisonhaute, à Grignon, etc., qui livrent du lait pur, renfermé dans des bouteilles cachetées, d'un demi-litre et d'un litre; ils les vendent journellement au détail, à Paris, 75 à 80 centimes; ils ont, comme on dit, la *marque*, la *vogue*, et ils gagnent gros argent. D'autres cultivateurs imitent leur exemple, à Lyon et près des grandes villes et s'en trouvent fort bien; les frais de manipulation et de transport sont largement payés par le haut prix de vente.

Ainsi que nous le disions précédemment, le lait est si apprécié dans l'alimentation, ses usages sont si nombreux; il est la base d'une foule de produits d'un usage général; il ne peut être une matière encombrante pour le producteur dès qu'elle est de bonne qualité.

Il renferme, avons nous dit, tous les principes qui constituent un aliment complet. Dans son état normal, le lait est composé d'eau; de matières azotées, caséine et albumine; d'un principe gras, le beurre; de la lactine; de matières salines diverses et de traces de substances aromatiques. Son aspect blanc et opaque est dû à d'innombrables goutelettes ou globules graisseux d'un diamètre de 1 à 0,03 de millimètres.

Les proportions des éléments que renferme le lait varient suivant les espèces animales.

	VACHE	CHÈVRE	ANESSE	CHIENNE.
Eau	87.4	82	90.5	66 3
Beurre	4	4.5	1.4	14.8
Lactose et sels solubles ...	5	4.5	6.4	2.9
Caseine et sels insolubles..	3.6	9	1.7	16
	100	100	100	100

La composition du lait de vache est différente suivant la race, l'alimentation, le temps du vélage. Il ne vaut rien pour la consommation pendant les premiers jours qui suivent la naissance du veau; il présente alors des caractères alcalins qui le rendent purgatif.

Ce lait particulier qui précède et suit le part, est désigné sous le nom de *Colostrum*; il contient peu de sucre et convient parfaitement au jeune sujet pour mettre en fonction l'estomac et les intestins du jeune veau.

Le bon lait de vache doit contenir en moyenne : *Beurre*, 3,8 0/0; Caséum, 3,6, 5 à 6 de lactine et de sel; en tout 12 à 14 de matières solides et 86 à 88 d'eau. Nous avons nommé les races qui donnent le lait le plus riche en crême et celles qui, ne jouissent pas de cette réputation. Nous savons aussi que ce sont les herbages de Gournay, d'Isigny, etc., qui donnent ces qualités si recherchées aux produits laitiers de ces contrées.

On sait qu'abandonné à lui-même dans un local frais, le lait se sépare en deux parties : l'une, plus légère, de couleur jaunâtre, c'est la *crême*, composée des globules les plus gros de la partie butyreuse. Cette substance, séparée du lait par le battage, constitue le beurre. La couche inférieure est le lait *crémé*, liquide d'un blanc mat, contenant encore quelques globules butyreux.

Le lait, au contact de l'air chaud, de l'électricité, et sous l'action de certains ferments, ne tarde pas à se diviser en deux parties très distinctes : l'une se précipite au fond du vase, c'est le *caseum*, appelé communément *caillé*. La partie liquide, de couleur verdâtre, est le *sérum* ou *petit lait*. Son goût sucré et légèrement acide le rend agréable aux animaux, mais il est un peu laxatif; il faut rarement l'employer seul, mais le mélanger avec des farineux. Quand l'opération dont nous venons de parler s'est effectuée naturellement, on dit que le lait est *tourné*.

Cette altération a lieu plus promptement en été qu'en hiver, et surtout par les temps d'orage, quand l'atmosphère est chargée d'électricité.

La coagulation du lait devient beaucoup plus rapide par l'emploi d'un acide quelconque à petite dose, surtout si le liquide est à la température de 70 à 80° centig. La matière grasse, où le beurre est entraîné par la caséine et ne forme avec elle qu'une seule masse demi-solide. Certains sels, l'alcool des plantes, etc., agissent à la manière des acides. Mais la substance généralement employée et qui opère avec beaucoup de rapidité, est la membrane muqueuse de l'estomac des veaux connue sous le nom de *caillette*. On fait avec elle un liquide appelé *présure*.

Il est bien évident que l'action des alcalis doit être coutraire à celle des acides; aussi nous allons les voir employer pour empêcher, comme on dit, le lait de tourner.

CONSERVATION DU LAIT.

Peu de substances liquides sont aussi susceptibles d'altération que le lait. Il est donc important de connaître les moyens pratiques de le conserver.

Le plus simple est de le tenir au frais, dans des caves bien voûtées, bien exposées, et d'une propreté exquise, à l'abri des émanations putrides; si les vases renfermant le lait peuvent être plongés dans de l'eau fraîche, facilement renouvelable, la conservation est presque toujours assurée pour 12 et même 24 heures.

Il est bien évident que les caves à cidre, à vin, à pommes de terre, et celles qui servent en même temps de saloir, de garde-manger, de fruitier, etc., ne valent absolument rien pour conserver le lait et la crème.

Un cultivateur possédant au moins 4 ou 5 vaches laitières doit avoir une cave particulière pour conserver le lait. Nous pourrions citer comme modèles de ce genre celles de la ferme de *Vineuil*, près Chantilly, à Mgr le duc d'Aumale; *Baclé*, à Auteuil; *Gueulle*, à La Fresnoye; *Dourlent*, à Courcelles-sous-Bois; *Pommel*, à Gournay, et une foule d'autres tout aussi bien installées, tout aussi bien tenues. Quelques industriels conservent encore le lait en le faisant bouillir lentement au bain-marie quand il est encore frais. Il est facile de s'en apercevoir au goût plus sucré, rappelant celui du caramel. La présure ne coagule ni aussi promptement ni aussi complètement le lait brouillé. Souvent ils y ajoutent du *bi-carbonate de soude*, environ 1 gramme pour 2 ou 3 litres; si on augmentait la dose, le lait prendrait alors le goût de l'eau de lessive, et pourrait devenir un véritable purgatif; quant au *borax* et à l'acide *salycilique* pouvant exercer des effets fâcheux sur la santé publique, leur emploi est passible des tribunaux.

On conserve aussi le lait en le concentrant par l'ébullition. Pour cela, on a des chaudières à fond plat dans lesquelles on met, à la fois, une couche de un à deux centimètres d'épaisseur de lait de bonne qualité; on y ajoute 60 grammes de sucre blanc par litre. On chauffe au bain-marie; on agite doucement le liquide; quand il est réduit au cinquième de son volume primitif, il a la consistance du miel liquide. On l'introduit alors dans des boîtes cylindriques en fer blanc que l'on immerge dans un bain-marie à la température de 105°. Au bout d'une demi-heure environ, l'air et la vapeur de l'intérieur du vase se sont échappés; alors on ferme hermétiquement ces vases après les avoir soumis à un refroidissement rapide. Ce lait concentré est alors dans un état pâteux, de couleur blanc jaunâtre; il peut se conserver ainsi indéfiniment. Pour l'employer dans l'alimentation, on délaye dans cinq fois son volume d'eau, la quantité que l'on veut consommer; on a un liquide qui a même aspect, mêmes qualités que le bon lait ordinaire.

Cette méthode de concentration, appelée improprement procédé *Lignac*, est due au français Appert. Dès 1827, on faisait usage de ce produit alimentaire dans la marine française.

Aujourd'hui, ce procédé reçoit d'importants perfectionnements; l'industrie et le commerce du lait condensé, pratiqués d'abord en grand aux Etats-Unis, prennent une grande importance dans quelques Etats de l'Europe, notamment en Suisse, en Angleterre, en Russie, en Autriche, etc.

La France, toujours la première pour inventer, reste en arrière quand il s'agit de mettre en pratique, d'exploiter les découvertes utiles de ses savants. C'est ainsi que nous sommes encore soumis à la concurrence étrangère, même pour le lait.

En 1878, la consommation du lait concentré, venant de Suisse et d'autres contrées voisines, s'est élevé à 3.692.000 kilogrammes, au prix de 2 francs le kilogramme; ce qui ramène le prix du litre dans Paris à environ 30 centimes.

Beaucoup d'agriculteurs français ne pourraient-ils pas lutter avec avantage contre cette nouvelle industrie étrangère? En serons-nous réduits aussi, dans quelques années, à nous plaindre de l'envahissement des laits étrangers et à demander protection pour cette denrée alimentaire essentiellement française?

FALSIFICATION DU LAIT.

Le lait n'est précieux dans l'alimentation de l'homme qu'autant qu'il est pur, qu'il a une composition normale que nous avons indiquée précédemment.

Il faut rejeter impitoyablement tous les liquides qui ont souvent même couleur, même saveur, mais dont les effets sont bien différents.

Nous ne voulons pas rendre le consommateur trop méfiant à l'égard de ses fournisseurs; cependant il est bon de donner une certaine attention aux denrées alimentaires qui intéressent très directement la santé. Nous connaissons la loyauté des cultivateurs, et nous croyons sincèrement que la grande majorité est incapable de se livrer à un commerce indigne d'un homme honorable. Mais combien de lait n'est pas directement vendu au consommateur par le producteur? Quoi qu'il en soit, les journaux de nos localités comme ceux de beaucoup d'autres relatent de temps en temps des saisies de lait falsifié. Ces captures deviendraient bien plus nombreuses si une plus grande vigilance était exercée à cet égard. Cependant il ne faut rien exagérer; les falsifications du lait sont moins nombreuses et surtout moins dangereuses pour la santé publique qu'on ne le croit généralement; mais elles le sont encore trop et il faut s'efforcer de les faire disparaître.

La plus commune falsification consiste à l'écrémer et à y mettre une certaine quantité d'eau. Assez souvent on y ajoute alors aussi des matières propres à lui donner son premier aspect, sa saveur et sa couleur *presque* normales; ce sont des farines et des fécules : orge, riz etc.; de la gomme, du sucre, du jus de carotte, de réglisse, de chicorée, etc. Assez souvent on introduit simplement dans le lait du *bi-carbonate* de soude pour l'empêcher de tourner. Comment reconnaître ces différents produits?

La couleur bleuâtre du liquide, surtout près les parois du vase, peut suffire à un œil exercé pour dénoter l'addition d'eau. On peut aussi prendre une même quantité de deux échantillons de lait dont l'un est pur et l'autre soupçonné, étendre chacun dans une même quantité d'eau; puis comparer l'aspect, la couleur. On peut même alors se servir d'un instrument appelé *Galactoscope* pour découvrir la proportion de globules butyreux de chacun des liquides essayés. Un bon lait doit marquer au moins 30°.

On sait aussi que la quantité de crème normale fournie par un lait de bonne qualité varie entre 12 à 15 litres 0/0; en cherchant celle du liquide douteux, il est facile de voir s'il a été falsifié. On a constaté que le lait recueilli à la fin de la traite est toujours plus riche que celui du commencement.

On sait encore que le lait pur produit en moyenne 10 0/0 de caillé ou fromage; il n'en donne que 5 0/0 s'il a été mélangé avec son propre poids d'eau; 3,33 0/0 si la proportion d'eau est double.

Avec ces données simples et pratiques, il suffit de faire coaguler une certaine quantité de lait pour juger dans quelle proportion on a mélangé l'eau. L'évaporation est aussi un bon moyen de déterminer la quantité d'eau ajoutée. D'après de nombreuses expériences, on a constaté que 100 gr. donne 12 gr. de résidu.

Il existe aussi des instruments qui peuvent servir à constater les fraudes faites sur le lait. Nous désignerons en premier lieu le *Lactomètre* ou *Crémomètre* de Dinocourt et de Quévenne, qui indiquent assez exactement la quantité de crème d'un lait quelconque.

C'est une espèce d'éprouvette à pied de 4 à 5 centimètres de diamètre, 16 à 17 centimètres de hauteur. On y introduit un volume déterminé du liquide pur; on trace une ligne au point d'affleurement où l'on marque zéro; la hauteur occupée par le lait est divisée en centimètres et en millimètres. Au bout de vingt-quatre heures, la crème est montée; il est facile d'en apprécier la quantité. On procède ensuite par comparaison pour tous les autres laits que l'on veut vérifier.

Le *Galactomètre* ou *Aréomètre* de Chevallier, est construit à peu près de la même manière; il porte deux graduations, l'une pour le lait écrémé, l'autre pour celui qui ne l'est pas; le lait non écrémé doit marquer de 105 à 115°.

Il y a encore le *Lacto-densimètre* de Quévenne, pour trouver la densité du lait, comparée à celle de l'eau; un lait doit marquer 30° lorsqu'il n'est pas écrémé, et 33° lorsqu'il l'est; mais comme on peut ajouter des substances qui le ramène à ce degré, les indications fournies par cet instrument peuvent être fausses.

Avec l'*Aréomètre*, de Beaumé ou tout autre, on peut aussi trouver la quantité d'eau dans le lait à la température de 15° qui est celle de sa graduation. Si le liquide n'est pas à cette température, il faut faire la correction de 1° pour chaque 5° en plus ou en moins.

Mais il faut encore agir prudemment dans les réclames que l'on croit devoir faire au sujet du lait additionné d'eau. Nous avons connaissance de plusieurs procès jugés contre le demandeur parce que, après constatation sérieuse, il a été reconnu que des laits parfaitement purs, sortant du pis de la vache, renfermaient une proportion d'eau anormale. La nourriture très aqueuse absorbée par les animaux en était seule la cause; la navet, le chou, la drèche, la pulpe de distillerie et celle de diffusion, non pressées et un peu trop fermentées, donnent parfois ces résultats sur certaines vaches.

La découverte des autres substances employées pour sophistiquer le lait n'est pas très difficile.

On reconnaîtra facilement le *bi-carbonate de soude*, en ajoutant au lait douteux son propre poids d'alcool rectifié; bientôt le *caseum* ou le *caillé* se sépare; il est reçu sur un filtre; il doit, aussi bien que le liquide filtré, avoir la réaction alcaline. En évaporant le liquide filtré jusqu'à siccité, le résidu mis en contact avec un acide fait effervescence.

L'*Iode* en dissolution dénote la *fécule* et l'*amidon* par une teinte bleue violacée; d'ailleurs la fécule se reconnaît encore au moment de l'ébullition; elle épaissit considérablement le liquide. L'amidon laisse voir, à l'œil nu, de petits grumeaux diaphanes sur les parois d'un vase transparent. La *levure de bière*, dans la proportion de 10 0/0, fait fermenter activement le lait auquel on a ajouté du sucre, surtout si le liquide est porté à la température de 25 à 30°. La *noix de galle* dénote la gélatine.

Si l'on a ajouté des *œufs*, la chaleur détermine une abondante coagulation qui nage dans le lait.

Toutes les matières colorantes tachent le linge blanc sur lequel on fait égoutter le lait caillé.

Si la falsification a eu lieu avec le plâtre, la chaux, etc., il est facile de s'en rendre compte; il suffit de prendre un peu de lait dans un verre, de le laisser reposer pendant quelques heures. Il se forme un précipité dont on peut aisément se rendre compte par les réactifs connus.

Il faut éviter de conserver le lait dans des vases en zinc ou en cuivre, attendu qu'il se formerait des sels vénéneux.

Quels que soient les moyens employés pour constater la qualité du lait, nous croyons que les plus simples sont les meilleurs; il faut opérer par comparaison entre un lait naturel et un lait dénaturé. Le goût est un des meilleurs analyseurs.

TRANSFORMATION DU LAIT.

Suivant les conditions économiques dans lesquelles se trouve placé l'exploitant de la vache laitière, il peut être avantageux pour lui de transformer le lait en beurre.

Cette industrie, sagement administrée, peut faire vendre le litre de lait à 20, 25 et 30 centimes. Aussi est-elle pratiquée dans beaucoup de fermes herbagères de l'Oise et dans la plupart de celles de Normandie.

L'usage du beurre, déjà si répandu dans l'alimentation, tend de plus en plus à se généraliser.

Il n'est pas une famille, si pauvre soit-elle, qui n'en consomme quelques livres dans une année. A la ville, comme à la campagne, le beurre est la base d'une d'une foule de préparations culinaires. Paris seul consomme dix à douze millions de beurre frais de toute provenance. C'est dans la *Ville lumière*, ou plutôt dans la *Babylone moderne*, que se règle le marché général européen pour cette denrée comme pour beaucoup d'autres!.... Là, les meilleurs beurres d'Isigny, de Gournay etc., sont cotés parfois 4 et 5 fr. le kilogramme.

Les nouveaux procédés de fabrication et de conservation, les moyens rapides de transport, permettent les plus lointaines expéditions de ce produit. En 1840, l'exportation, n'était que de 1 million de kilogrammes; en 1860, elle était de 6 millions, en 1876, nous avons exporté pour une valeur de 103 millions de francs; mais les importations de cette denrée augmentent, tandis que les exportations diminuent. En 1879, nous recevions 4 millions 1/2 de plus qu'en 1876, et nous expédions 8 millions 1/2 en moins. Depuis, ces chiffres ont doublé. Nous vendons surtout en Angleterre, en Russie, etc. Nous recevons les beurres de Belgique, Hollande, Etats-Unis.

En attendant le moment, qui n'est peut-être pas éloigné, où l'Amérique, ou une contrée concurrente, prenne nos noms, nos marques de fabrique et notre place sur nos propres marchés, continuons à fabriquer du bon beurre; sa vente est toujours assurée, et nous devons dire toujours lucrative.

Il faut bien espérer aussi que nous n'aurons pas toujours la protection à l'envers. Leurrés depuis si longtemps par de vaines promesses, les producteurs français sauront enfin sortir de leur apathie et choisir des mandataires qui voudront réellement prendre leurs intérêts.

Le beurre est formé par les globules gras en suspension dans le lait; sa quantité dépend évidemment du nombre de ces globules, et sa fabrication consiste simplement à les séparer du reste du liquide.

Il n'existe pas de rapport constant entre la quantité de lait et celle du beurre qu'il peut fournir. Ce rapport varie avec la race, avec chaque bête, et surtout avec le régime alimentaire.

On peut admettre qu'il faut en moyenne 25 à 30 litres de lait pour donner 1 kil. de beurre.

La race jersiaise a un lait tellement butyreux qu'il suffit de 15 à 18 litres pour 1 kil. de beurre. La bretonne peut donner 1 kil. pour 20 à 25 litres, tandis qu'il faut plus de 30 litres à une hollandaise pour donner la même quantité de beurre.

Schwertz cite des vaches de la Frise qui fournissaient 1 kil. 500 par jour.

Dans tout le centre de la France on dit qu'une vache est bonne, lorsque 9 à 10 kil. de son lait donnent 500 grammes de beurre.

Des expériences nombreuses faites dans quelques bonnes fermes herbagères des environs de Beauvais et de Gournay, il ressort qu'une bonne vache normande donne 90 à 100 kil. de beurre par année; la hollandaise, la flamande et la vache commune, seulement 65 à 80.

Il est bien évident que le cultivateur qui veut se livrer à cette spéculation doit choisir avant tout des bêtes dites *beurrières*; la nature de ses herbages devra le guider aussi dans son choix. Comme nous l'avons dit précédemment certaines prairies poussent à la graisse, d'autres au lait et au beurre.

Nous n'avons pas l'intention de faire un traité sur l'industrie beurrière; mais nous pensons être utile en résumant les meilleurs modes de fabrication que nous avons vu pratiquer.

Le plus ordinairement on travaille la crème séparée du lait; mais on peut assi extraire le beurre du lait non écrémé.

Dans le premier cas, nous avons à étudier l'ascension et la séparation de la crème, le barattage et le délaitage. Le second mode ne comprend que le barattage et le délaitage.

La séparation de la crème se fait par la méthode naturelle ou par une opération mécanique dont nous dirons quelques mots.

N'oublions pas tout d'abord que pour obtenir du bon beurre il faut avoir de la bonne crème, et que la qualité de cette dernière dépend non-seulement du lait, mais d'une foule d'autres circonstances : température, local, vases, etc.

Il est reconnu aujourd'hui que la montée de la crème est d'autant plus rapide que la température du lait est maintenue plus près de zéro. La quantité est aussi plus considérable et le lait se conserve plus doux.

Le choix de la cave à lait n'est donc pas indifférent.

Dans le Cotentin, le montage de la crème a lieu dans des vases presque cylindriques, en terre cuite ou en verre épais; au bout de vingt-quatre heures, en été, la crème est enlevée et conservée dans des pots à col étroit, percés d'un trou à la partie inférieure, pour soutirer le lait en mélange, après quelques heures de repos. Dans la plupart des laiteries de l'Oise, les crémeuses sont des jattes très évasées et munies d'un bec pour faire écouler le lait lorsque la crème est montée; on empêche cette dernière de s'échapper du vase au moyen d'une spatule plate, en bois, ou bien avec une espèce de passoire très fine.

Il y a un système d'écrémage que nous nommerons mécanique. Il nous vient du Danemarck; son emploi tend à remplacer aujourd'hui tous les autres systèmes dans les grandes industries beurrières. Nous voulons parler des *écrémeuses centrifuges*. Ce sont des vases de métal en forme de turbines, tantôt fermés, tantôt ouverts à la partie supérieure. On y introduit le lait à la température qu'il a en sortant du pis de la vache, et on imprime un mouvement de rotation de 5 à 6,000 tours à la minute; la crème étant plus légère se réunit au centre de l'instrument et monte à la partie supérieure d'où elle s'échappe, par une petite ouverture dans un récipient qui la conserve jusqu'au moment du barattage. On extrait ainsi plus de 95 p. 100 de la crème totale contenue dans le lait. Ce dernier se conserve doux et peut servir à l'alimentation ou à la fabrication de fromages maigres. Tout ce que nous pourrions dire sur ce précieux instrument ne vaut pas un quart d'heure de visite chez les propriétaires qui en font usage. On peut voir une installation de ce genre chez M. le marquis *de Corberon*, à Troissereux; chez M. *Gervais*, à Gournay; à la laiterie centrale de *Bresles* et à celle de *Berneuil*; on écrème ainsi tous les jours 8 à 9,000 litres de lait. Nous aurons occasion, au prochain concours de Beauvais, de voir travailler ces précieux instruments présentés par la maison Pilter et Dillemann. Les amateurs et les intéressés voudront certainement en faire une étude approfondie. D'ailleurs, ils trouveront, auprès de ces messieurs, parfait accueil et beaucoup d'empressement à donner toutes les explications désirables, à effectuer toutes les expériences qui pourront intéresser.

La seconde opération est le *barattage*. Nous n'entreprendrons pas de décrire les divers engins employés à cet effet; il y en a de toutes formes, de toutes grandeurs. On a tort de rechercher les barattes qui donnent le beurre le plus promptement; assez souvent c'est au détriment de sa qualité.

Celles qui ont le mécanisme le plus simple, qui demandent peu de force, que l'on peut démonter aisément pour le lavage, celles dans lesquelles la crème frappe sur elle-même plutôt que sur les parois ou sur des ailes, sont considérées comme les meilleures.

Il ne faut pas croire que le beurre se fait mieux et plus vite quand on a laissé la crème aigrir dans des vases pendant plusieurs jours et même plusieurs semaines.

Au contraire, plus elle est fraîche et douce, plus le beurre se prend vite, plus il est fin et délicat.

Le barattage dure moins longtemps si la température de la crème est de 12 à 14°; mais il vaut mieux la travailler à 10°; le beurre gagne en qualité et se conserve mieux. Il est toujours facile de donner à ce liquide le degré convenable; mais il faut généralement éloigner du feu la baratte en travail; c'est par l'eau froide ou l'eau chaude que l'on donne la température voulue.

Dès que les grains sont réunis il faut procéder au *délaitage*. On fait d'abord écouler le petit lait, puis on remet de l'eau fraîche dans la baratte, à plusieurs reprises, jusqu'à ce qu'elle sorte parfaitement claire. On retire le beurre et on le pétrit dans l'eau froide pour le mettre ensuite en pain.

Cette méthode ancienne, généralement suivie encore aujourd'hui, va faire place, chez beaucoup d'industriels, à un procédé fort simple, qui vient aussi du Danemarck et qui a été récompensé par les membres compétents de divers jurys aux concours régionaux et au palais de l'Industrie. C'est ce qu'on appelle des *malaxeurs*. L'eau est supprimée; on prend le beurre au sortir de la baratte, on le met sur une tablette un peu inclinée dont la forme est variable, et on le malaxe avec un rouleau en bois cannelé; les liquides sont ainsi expulsés et le beurre prend une consistance qui permet une longue conservation. Ces précieux ustensiles seront certainement au concours de Beauvais, avec les écrémeuses dont nous parlions tout à l'heure. Le beurre est ainsi travaillé à *Vesly*, près Gisors, chez M. *Bacquet*.

Enfin, dans le nord de la France, en Belgique et en Allemagne, on extrait directement le beurre du lait doux, presque au sortir du pis de la vache, à une température de 18 à 20°. Le liquide n'ayant éprouvé aucune altération, fournit un beurre très fin et de bonne conservation, et le lait de beurre peut encore servir dans l'alimentation; mais il est généralement donné au veau à l'engrais.

Par ce procédé on laisse une certaine proportion de beurre dans le lait.

Après le *délaitage usuel*, le meilleur beurre renferme encore : Eau. 14

Eau.	14
Beurre.	84
Caséine.	0,5
Lactose et	
Sels.	1,5
	100

Un instrument nouveau, qui nous vient aussi du Danemarck, simplifie beaucoup cette délicate opération, à l'avantage de la qualité et de la conservation du beurre. La *Délaiteuse*, vendue en France par la maison Pilter, est composée de deux cylindres concentriques ; celui de l'intérieur est à claire-voie. Aussitôt que le beurre est pris et qu'il a une certaine consistance, après l'avoir mis dans un sac en toile, on l'introduit dans la Délaiteuse. Par le mouvement horizontal très rapide imprimé à cette dernière, le beurre est projeté contre la paroi, ce qui permet aux substances liquides de s'échapper à travers les mailles; il forme alors un anneau que l'on détache avec une spatule en bois, puis on le met en une pâte homogène ; l'opération ne dure guère que 3 à 4 minutes. Peu de substances sont aussi susceptibles de fermentation que le beurre. A une température moyenne, il *rancit* en quelques jours, prend une couleur plus foncée, un goût plus âcre. Pour retarder ou empêcher ces altérations, il faut le tenir au frais, éloigner toutes les matières et les odeurs désagréables, malsaines. On le conserve encore en le faisant fondre à petit feu. Le plus ordinairement on le pétrit avec 5 ou 6 p. 0/0 de sel blanc, sec et bien pulvérisé. Mis alors dans des pots en grès ou en verre, à parois épaisses, puis recouvert d'une rondelle de toile légère sur laquelle on dépose encore une mince couche de sel gemme, il se conserve ainsi d'une année à l'autre. Dans cet état il n'entre pas directement dans l'alimentation, mais il est toujours très précieux pour les usages culinaires. Notre commerce d'importation comprend surtout des beurres salés venant de Hollande, des Etats-Unis, etc.; en 1880, nous en avons reçu 1.684.000.

Le beurre est aussi l'objet de nombreuses falsifications. Sans parler des matières colorantes, telles que : *rocou, safran, cucurma, jus de carottes*, etc..., qui lui donnent la couleur des beurres les plus renommés, il est trop souvent frelaté par de la craie, du plâtre, de l'argile, de la fécule, de la farine et surtout *des graisses*.

La couleur factice se reconnaît avec l'alcool faible et chaud qui la dissout. Quant à la plupart des autres substances, nous avons déjà indiqué les moyens de les reconnaître dans le lait; nous n'y reviendrons pas.

La plus commune falsification se fait avec des graisses. On sait que le beurre renferme les substances suivantes : *Margarine*, 68 ; *Oléine*, 30 ; *Butyrine, Caprine* et *Caproïne*, 2.

On sait aussi que le suif est composé de stéarine, de margarine et d'oléine. On élime de ce corps solide la stéarine, et on a un beurre dit *Oléi-Margarine* qui, coloré, remplace chez nous et ailleurs des millions de kilogrammes de beurre naturel.

Cette fabrication, due à M. *Mège-Mouriès*, a pris depuis d'énormes proportions. Il existe de nombreux établissements en France, en Allemagne, en Angleterre, en Hollande, et même aux États-Unis, qui travaillent ainsi la graisse. A Paris il se fabrique journellement plus de 15.000 *kil. d'Oléi-Margarine*. Ce produit vendu à sa valeur, et non au lieu et place du beurre, peut rendre des services dans l'alimentation; car il est sain et bon marché. Mélangé avec le bon beurre, il l'empêche de rancir trop vite, mais ne donne pas une denrée de bon goût, malgré les arômes factices qu'on lui prodigue.

Il est facile de distinguer la margarine;

elle fond à 34 et 36 degrés, tandis que le beurre ne fond qu'à 40 et 43 degrés.

Nous ne nous étendrons pas sur la tranformation du lait en fromage. Le sujet demande une longue étude qui trouverait difficilement sa place dans les colonnes d'un journal ; nous nous contenterons de dire que les variétés de fromages sont très nombreuses. On les comprend généralement sous les trois dénominations suivantes :

1° *Fromage gras*, fabriqué avec le lait non écrémé; *demi-gras*, celui qui renferme plus ou moins de globules butyreux, *fromage maigre*, celui qui est obtenu avec du lait écrémé. Dans ces variétés on trouve : le *Brie*, le *Camembert*, le *Pomel*, *Gervais*, *Livarot*, etc., etc.

Ici encore nous dirons comme pour le beurre : on peut se livrer à la fabrication du fromage dès que le prix de vente dépasse le prix de revient et donne par conséquent un profit raisonnable.

La transformation du lait en viande, par l'engraissement ou l'élevage des jeunes veaux, peut aussi, dans certains cas, être lucrative; mais aujourd'hui cette spéculation, comme les précédentes, fait l'objet d'une industrie particulière. Souvent même, elles sont combinées de manière à s'entr'aider et à se soutenir mutuellement. Ainsi, à l'industrie beurrière ou fromagère s'adjoint ordinairement l'élevage de l'espèce bovine ou l'engraissement du porc, afin d'utiliser les résidus. Très souvent, c'est la seconde spéculation qui, bien réglée, donne le bénéfice.

Le bétail fournit aussi la viande, ce produit indispensable dans l'alimentation. En France, chaque habitant consomme en moyenne 30 kil. de viande; ce qui ne fait que 82 grammes par jour, et pour les 36 millions d'habitants, 1 *milliard* 80 *millions de kil.* Or, d'après les statistiques les mieux faites, nous voyons avec peine que nous ne fournissons guère que 500 *millions de kil.*; d'où l'obligation de recourir à l'étranger pour plus de la moitié de la consommation. Quand ferons-nous de l'élevage, de l'engraissement dans des conditions telles que nous pourrons nous suffire à nous-mêmes et défier la concurrence étrangère ?... On peut donc sans crainte augmenter le bétail de boucherie; la consommation de la viande, loin de diminuer, ne fait que s'accroître chaque année au profit de la santé publique, et si les hommes chargés de protéger l'agriculture remplissent leur mandat, les droits d'entrée sur le bétail seront votés, et alors le producteur de la viande pourra facilement soutenir la concurrence et obtenir des prix rémunérateurs.

Nous aurons à discuter prochainement les conditions économiques dans lesquelles il faut se trouver pour faire l'élevage et l'engraissement avec profit.

Les animaux fournissent encore le fumier, *la clef de voûte* de toute bonne agriculture. La meilleure usine à engrais économiques est évidemment la ferme. Il n'y a presque jamais de mauvaises années pour quiconque sait obtenir le fumier à *bon marché* et l'employer judicieusement sur ses terres.

Les animaux sont encore de précieux locomoteurs vivants qui doivent donner un travail utile et rémunérateur, si une sage économie guide le cultivateur dans le choix et le nombre de telle espèce animale plutôt que telle autre.

Enfin les animaux, dans une exploitation agricole, sont une source d'agrément pour le cultivateur qui voit en eux non-seulement des mines à exploiter, des auxiliaires, des serviteurs utiles, mais encore souvent des modèles d'attachement, des stimulants de son zèle, de son activité. Depuis le chant du coq de sa basse-cour, vrai réveil-matin, symbole de vigilance, jusqu'au puissant hennissement de son cheval, son serviteur par excellence, infatigable pour le travail et la course : tout lui rappelle une Puissance créatrice et conservatrice qui l'a établi le roi, le dominateur de tous ces êtres, afin qu'il les soumette à son empire et en fasse l'usage auquel ils ont été destinés.

Mais nous le répétons, en terminant, il ne suffit pas d'avoir des basses-cours bien peuplées, des étables bien garnies ; les animaux dans une exploitation agricole ne peuvent donner de réels bénéfices qu'autant qu'ils sont bien choisis et convenablement entretenus. Il leur faut une nourriture *saine* et *abondante*, un logement où toutes les opérations physiologiques puissent s'accomplir à l'aise. Ne trouve-t-on pas encore quelques cultivateurs qui *marchandent* la nourriture au bétail et qui oublient que : *nourrir largement de bonnes bêtes, c'est économiser?*.... Ne voit-on pas encore dans quelques fermes des logements malsains, inhabitables ? Des négligences impardonnables pour la propreté, l'aération si nécessaires à ces pauvres animaux?... et qui sont cause d'une foule de maladies?...

Cependant nous nous plaisons à constater que dans notre contrée, les agriculteurs sont généralement habiles à exploiter le bétail suivant les meilleures règles. Les spéculations sur lesquelles nous avons dit quelques mots sont suivies avec intelligence dans beaucoup de fermes et d'industries agricoles.

Puissent ces exemples stimuler les contrées arriérées et cette génération de jeunes agronomes qui seraient peut être tentés de se décourager en écoutant les plaintes qui se font entendre de toute part !

Quand on voit une exhibition comme celle que nous avons pu admirer cette semaine au palais de l'Industrie ; quand on voit ces multitudes suivre avec tant d'intérêt ce concours annuel, l'espérance renaît au cœur. On est obligé de convenir que si l'agriculture souffre, elle ne désespère pas ; elle lutte contre le mal qui l'étreint ; elle attend avec patience les *remèdes énergiques* qui doivent lui donner la santé et la prospérité d'autrefois !

C'est l'objet de tous nos vœux !

XIV.

Une bonne variété de Blé.

Dans nos causeries sur les meilleures variétés de blés de la région du Nord, nous avons omis celle qui, depuis quelque temps, semble devoir prendre une des premières places pour le rendement.

Au dire dire de quelques économistes agricoles, c'est elle qui est appelée à relever en France le cultivateur de céréales, puisque en Allemagne l'agriculture moderne lui doit une grande partie de sa prospérité.

Le blé *shériff* mérite donc d'être connu.

Ce n'est pas un blé nouveau, car M. Vilmorin l'a décrit depuis longtemps et mis en vente sous le nom de *blé à épi carré* ou *shériff's square headed weat.*

Il a été obtenu de semis et par sélection par *Patrick shireff*, de Mungoswel (Ecosse).

Sa paille est droite, rigide, courte, blanche; son épi carré et compact; son grain jaune ou rougeâtre, de grosseur moyenne, donne une farine de qualité secondaire.

Il s'est propagé très rapidement en Ecosse, en Angleterre, en Danemarck, en Hollande, et aujoure'hui il est très apprécié en Allemagne. Il convient à la plupart des terrains. Sa rusticité le rend précieux pour les terres froides et compactes des contrés maritimes. Sa tige étant droite et ferme supporte sans fléchir un épi relativement lourd; il résiste ainsi très bien à la verse. Comme sa première végétation est lente, il peut être semé tardivement; ne souffre pas des froids prolongés de l'hiver et résiste aux gelées printanières. En avril et mai, il pousse avec une grande vigueur et atteint sa maturité dans la première quinzaine d'août.

Comme il talle peu, il faut le semer plus épais que les blés ordinaires. En Allemagne, il est toujours semé par quantité de 3 hectolitres à l'hectare; les lignes espacées de 18 à 20 centimètres permettent un sarclage qui équivaut presque à une demi-fumure.

Son rendement est très-considérable. Chez nos voisins, on récolte rarement moins de 40 quintaux; la moyenne est presque toujours de 50 hectolitres. Un des membres de la Commission française envoyé en Allemagne pour étudier la culture de la betterave et du blé, a compté dans un champ, par mètre linéaire, 51 épis à 49 grains; dans un autre, 82 épis à 20 grains; et dans un troisième, 98 épis à 24 grains; les lignes étant à 18 centimètres, il serait facile de calculer le rendement total.

Là il avait reçu 35,000 kil. de fumier de ferme et 400 kil. de superphosphate à 22 % d'acide phosphorique pour empêcher la verse. Le champ bien travaillé est emblavé par des betteraves qui reçoivent encore des engrais chimiques.

Cette variété de blé a aussi fait ses preuves en France. MM. Pluchet, de Trappes, Desprez, à Cappelle (Nord), Duroselle (Meurthe-et-Moselle), R. Jacquemart (Aisne), etc., l'ont cultivée avec succès sur une assez grande échelle.

Cette année, d'autres agriculteurs, à la recherche des moyens pratiques de conjurer la crise agricole qui sévit avec une si grande intensité, l'ont essayée et en espèrent de bons résultats.

Ceux qui seraient en retard pour les ensemencements automnaux pourraient encore emblaver avec cette variété pendant la fin de novembre et jusqu'à la mi-décembre, si le temps est favorable.

L'éminent agriculteur et industriel de Quessy, M. Jacquemart, possède du bon blé *Shériff* de provenance allemande qu'il peut livrer au prix de 40 fr. les 100 kil.

Il suffit de s'adresser à M. R. Jacquemart, agriculteur à Quessy, par Tergnier (Aisne), on est sûr d'une livraison consciencieuse.

On peut également s'adresser aux grainiers Vilmorin, Forgeot, Delaville, à Paris.

XV.

Concours régional agricole de Rouen

du Samedi 7 au Dimanche 16 juin 1884.

Parmi les solennités qui attirent une affluence considérable de personnes de la ville et de la campagne, les concours régionaux sont de celles qui offrent le plus d'attraits. Celui qui se tient dans la cité Rouennaise est à peine ouvert que déjà une foule considérable envahit les places, les rues et surtout les abords des diverses expositions.

Ces solennelles assises de l'agriculture montrent en effet les produits les plus variés d'un sol fécond, les instruments les plus perfectionnés et les mieux appropriés aux multiples travaux de la culture et cette longue série d'animaux de choix que le Créateur, dans sa munificence, a multiplié pour les besoins et les agréments de l'homme. C'est comme un panorama de ce que la nature fournit de plus beau, de plus riche !

Mais alors pourquoi ces plaintes, ces cris lamentables qui s'échappent des poitrines de nos courageux cultivateurs?...

Ces brillantes exhibitions qui s'étalent tantôt à Paris, au palais de l'Industrie, tantôt à Bordeaux, à St-Omer, à Rouen et ailleurs ne sont-elles pas la preuve évidente de la prospérité agricole de notre chère France?... Les peronnes officiels affirment que oui,... mais ils se trompent.

Les hommes vraiment sérieux et sincères savent que l'agriculture française est bien souffrante et presque à l'agonie, et que les cris de détresse que nous entendons de toutes parts sont les accents presque désespérés du malade qui veut échapper à la mort, et ces fêtes auxquelles elle prend encore part sont comme un dernier remède pour se distraire de son mal et croire à un retour à la vie, à l'abondance, à la prospérité d'autrefois... Cependant, ce reste d'énergie qu'elle déploie pour tromper sa douleur, dissimuler ses alarmes, n'est-il pas encore un signe de force, de vitalité, un gage de résurrection?...

Eh bien, oui! nous sommes du nombre de ceux qui espèrent en des jours meilleurs et nous nous efforçons d'inspirer courage et confiance à cette laborieuse et confiante jeunesse qui est venue s'asseoir à notre foyer et prendre nos conseils et nos leçons.

Oui nous comptons que dans un temps plus ou moins rapproché, la voix de l'agriculture sera écoutée ; que des hommes d'initiative prendront sa cause en main et que ceux qui présideront bientôt à ses destinées appliqueront enfin les remèdes efficaces :

DIMINUTION SÉRIEUSE DES CHARGES ÉNORMES QUI PÈSENT SUR ELLE. — DROITS COMPENSATEURS SUR LES DENRÉES ÉTRANGÈRES QUI VIENNENT ENVAHIR NOS MARCHÉS.

Nous espérons aussi en la protection de la Providence qui trouve encore de nombreux serviteurs au sein de nos bonnes populations rurales.

L'agriculture, en effet, a un ressort puissant dont elle n'a pas assez usé jusqu'à ce jour ; c'est son vote. Qu'elle envoie dans nos assemblées délibérantes des hommes qui connaissent mieux ses intérêts, qui soient capables de les défendre!

Mais le proverbe est toujours vrai : « Aide-toi, et le ciel t'aidera! » Nous pensons que tous ces remèdes seraient encore impuissants à relever par eux-mêmes l'agriculture, si le cultivateur ne redouble d'énergie, de courage pour perfectionner et parfois transformer ses méthodes culturales. Il ne doit s'adonner qu'aux spéculations agricoles les plus en rapport avec les conditions économiques dans lesquelles il se trouve placé et prendre les procédés qui lui épargnent une main-d'œuvre rare et chère.

Nous sommes loin d'être ennemi des exhibitions agricoles et régionales comme celle que nous venons étudier dans la bonne ville de Rouen; nous pensons au contraire, que quand l'honnêteté, la justice y président, l'agriculteur y trouve de bonnes leçons, de sérieux encouragements.

Aussi tout d'abord nous félicitons tous les exposants qui veulent bien affronter ces luttes pacifiques où vainqueurs et vaincus se donnent la main comme les soldats d'une vaillante armée qui ne reculent jamais quand il s'agit de combattre.

Le Concours de Rouen égale au moins, s'il ne surpasse ceux des autres régions agricoles, et il offre à ses visiteurs un intérêt et un enseignement sérieux. La Normandie, en effet, est favorisée par un sol, un climat, des débouchés que l'on trouverait difficilement ailleurs.

Aussi la production est-elle active et variée. De magnifiques cultures de lin, de colza, de chanvre ont enrichi jadis bon nombre de cultivateurs normands. Mais ce qui constitue surtout la grande ressource et richesse de cette contrée, ce sont ses herbages tant et si justement vantés. La production et l'élevage d'une de nos meilleures races chevalines; la vache normande avec ses variétés remarquables, les porcs, la volaille, tout contribue à sa prospérité.

Qui osera lutter contre la Normandie pour ses beurres d'Isigny et de Gournay qui tiennent la tête de tous nos marchés français. Ses fromages de Camenbert, de Livarot, de Gournay et autres, ne sont pas moins appréciés.

Ses riches vallées et ses coteaux sont couverts d'arbres qui donnent au normand ce jus tant chanté par eux dans leurs joyeuses réunions : C'EST LA POMME QUI PERDIT L'HOMME ; C'EST LE JUS DE LA POMME QUI SAUVE LE NORMAND.

La Normandie a fourni aussi des hommes illustres dans toutes les carrières. Il suffit de citer les Guillaume-le-Conquérant, les Tourville, les Duquesne, les Dumont-Durville, les Pelissier, les Fontenelle, les Cousin-Despréaux, les Bernardin de Saint-Pierre, les Malherbe, les Corneille, les Casimir Delavigne, les La Place, les Poussin, etc.

Et si nous voulions nommer tous les hommes qui se sont illustrés dans l'agriculture, le nombre n'en serait pas moins grand.

Et parmi ceux qui sont nos contemporains nous devons citer l'honorable président de la Société d'Agriculture de Rouen, ses dignes collaborateurs et les lauréats des primes d'honneur des divers concours depuis 1855, dont nous rappelons les noms :

1857. Baron de Beausse, à Notre-Dame-du-Hamel (Eure).
1858. Marquis de Torcy, à Durcet (Orne).
1859. Comte de Kergorlay, à Cainsy (Manche).
1860. Alphonse Bastard, à Hérouvillette (Calvados).
1861. Charles Dargent, à St-Léonard (Seine-Inférieure).
1862. Comte du Buat, à Méral (Mayenne).
1863. Lhomme, à Fresnay-le-Gilmert (Eure-et-Loir).
1864. Hébert, à Villers-en-Vexin (Eure).
1865. Briand, à Pontchardon, près Vimoutiers (Orne).
1866. Vicomte Lacouldre de la Bretonnière, à Golleville (Manche).
1867. De la Ville, à Bretteville-sur-Odon (Calvados).
1868. Roquigny, à Bertheauville (Seine-Inférieure).
1869. Marquis d'Argent de Deux-Fontaines, à Cloys (Eure-et-Loir).

1870. Daniel Daudier, à la Lande (Mayenne).
1871. Courtillier, à Frécigné (Sarthe).
1873. Comte Rœderer, au Bois-Roussel (Orne).
1874. Bouchard, à Sotteville (Manche).
1875. Ribard, à Notre-Dame-de-Courson (Calvados).
1876. Auguste Guérard, à Auzouville-sur-Ry (Seine-Inférieure).
1877. Pierre Roussille, à Bessay (Eure-et-Loir).
1878. Concours universel de Paris.
1879. Narcisse Hébert, à Cantiers (Eure).
1880. Jouanneau, à la Grenochère(Sarthe).
1881. Non décernée (Orne).
1882. François Noël, à Saint-Waast-la-Hougue (Manche).
1883. Non décerné (Calvados).
1884. Non décernée.

Nous pourrions encore citer d'autres agriculteurs non moins méritants, mais que la timidité ou la modestie tiennent trop éloignés des concours.

Nous aimons à croire que tous ces hommes ont continué dans la voie du progrès et sont toujours des modèles et des encouragements pour les jeunes générations qui luttent aujourd'hui sur le même champ de bataille.

Rouen était plus à même qu'aucune autre ville de déployer beaucoup de splendeur pour fêter les champions de l'agriculture et de l'industrie.

Sa situation exceptionnelle, son étendue, sa population, ses riches monuments religieux et historiques, tout se prête à donner un lustre particulier aux fêtes qui se préparent et à satisfaire ses nombreux visiteurs.

Et puis, pourquoi ne le dirions-nous pas? depuis longtemps la capitale de la Normandie est habituée à organiser et à donner d'imposantes cérémonies religieuses et civiles. Il nous souvient encore de la splendeur déployée quand il s'est agi d'élever un monument à un homme qui nous est cher à plus d'un titre, à un ami, à un bienfaiteur de l'enfance, au vénérable J.-B. de La Salle. Des plumes, plus exercées que la nôtre, ont dit l'empressement de l'administration, du clergé, de l'armée, de la population tout entière pour témoigner sa sympathie à un Institut qui n'oubliera jamais cette éclatante démonstration et voudra toujours s'en rendre digne. Une autre cérémonie, réunissait peu de temps après les illustrations musicales, les autorités rouennaises et une immense population pour glorifier un enfant de la cité, le célèbre musicien Boïeldieu.

Le concours agricole de 1876 a laissé aussi les plus agréables souvenirs à ceux qui l'ont fréquenté.

L'administration actuelle n'a pas voulu se montrer inférieure à ses devancières; elle n'a rien négligé pour donner de l'éclat à cette solennité. La population rouennaise a suivi cet exemple et, voulant faire honneur aux exposants et à ceux qui viendront applaudir à leurs succès, de tout côté sont élevés des arcs de triomphe, des trophées; des drapeaux, des insignes ornent les rues et les principaux édifices.

Le Champ-de-Mars est occupé en grande partie par un vaste palais de forme polygonale; c'est là que se trouve l'exposition industrielle, scolaire, etc. Un simple coup d'œil, en passant, nous a permis de juger que l'ordre, la symétrie faciliteront singulièrement l'étude des innombrables produits exposés. Les amateurs, les curieux pourront passer de bons moments dans les diverses sections aussi bien que dans le magnifique jardin créé au centre du palais.

Pour nous, attaché par goût et par vocation à l'agriculture, nous dirigeons plus volontiers nos pas de l'autre côté de la Seine, vers le concours agricole, tout en regrettant que ces deux expositions soient aussi éloignées l'une de l'autre.

Là, nous nous trouvons en présence d'un portique orné de tous les insignes agricoles. Des faisceaux de drapeaux et de guirlandes, aux couleurs nationales, flottent au gré du vent et annoncent que l'agriculture ne veut pas rester en arrière de l'industrie.

On a bien su tirer partie de cette splendide promenade du COURS-DE-LA-REINE. Nous ne pouvons qu'applaudir à l'organisation de ce concours.

D'ailleurs, M. de Lapparent, inspecteur général de la région, possède des capacités administratives agricoles bien appréciées; elles sont encore rehaussées par une parfaite et bienveillante courtoisie.

Nous nous occuperons donc particulièrement de la partie agricole. Nous laisserons à d'autres, plus compétents, le soin de chanter, de glorifier l'industrie, la musique et toutes les autres branches offertes à l'intelligence et à l'activité humaine, et qui rehausseront l'éclat des fêtes qui se préparent; nous applaudirons de grand cœur à leurs accents; car nous savons que l'agriculture et l'industrie sont sœurs, que la musique et la poésie puisent leurs inspirations, leurs symboles, leurs comparaisons dans la nature. Les prés, les champs, les bois ne sont-ils pas les témoins muets de concerts admirables, qui ravissent les heureux mortels amis de la campagne?...

INSTRUMENTS.

Nous pénétrons sur le champ du concours et nous avons sous les yeux, à droite et à gauche d'une immense allée, les instruments les plus variés; ils sont ornés pour la circonstance des plus brillantes couleurs! Ont-ils besoin de cela pour se faire valoir! Est-ce que l'agriculteur n'est pas l'homme positif et pratique!....

Au lieu de 52 instruments exposés en 1855 et de 240 exhibés au concours de de 1861, nous en voyons aujourd'hui inscrits au catalogue 2,004.

La progression est bien sensible! Elle est venue, en partie du moins, réparer les effets désastreux de notre système économique qui nous a conduits à la rareté et par suite à la cherté excessive de la main-d'œuvre.

Les perfectionnements apportés dans la machinerie agricole ne sont pas moins remarquables. Le cultivateur qui sait les choisir et les employer convient que certains travaux sont faits et plus rapidement et plus parfaitement que par la main de l'homme.

A Rouen nous trouvons quelques constructeurs de la région, parmi lesquels nous citerons M. Liot de Bois-Guillaume pour des semoirs bien conditionnés! des faucheuses et moissonneuses qui jouissent d'une bonne réputation dans la contrée; M. Leclère, de Rouen, dont les semoirs sont avantageusement connus dans sa région, dans les départements de l'Oise et de la Somme. Nous avons remarqué surtout une houe inventée par un agriculteur habile praticien, M. Braye, aux Anthieux. Elle est construite spécialement pour les blés; mais on peut placer les rasettes de manière que l'instrument puisse servir à toutes les plantes sarclées. — Elle est légère, d'une conduite facile et mérite d'être recommandée.

Nous retrouvons là une foule d'autres constructeurs bien connus, tels que M. Albaret qui expose locomobiles, batteuses, faucheuses, moissonneuses, hache-paille, coupe-racines, etc. — La réputation justement méritée de l'usine de Liancourt se continue, et son habile et aimable directeur marche toujours dans la voie du progrès.

M. Bajac-Delahaye a un spécimen de ses principaux instruments; on regarde surtout avec étonnement son immense défonceuse.

Le jeune Leclerc de Beauvais a aussi une collection d'instruments qui est fort remarquée. Il présente notamment un broyeur de pommes avec rouleaux armés de dents qui divisent le fruit en tranches ou lamelles qui sont ensuite facilement broyées.

Nous voyons aussi M. Puzenat dont les herses articulées sont partout appréciées.

M. Garnier, de Redon, expose une série de tarares bien conditionnés qui lui ont valu le 1er prix à Brest, dans un concours spécial.

Il expose également des herses en bois bien faites et d'un prix très modéré. — Elles peuvent convenir à toutes les terres et sont à la portée de toutes les bourses.

Le semoir Smith, si justement vanté, tient encore la place d'honneur.

Nous distinguons aussi les expositions de MM. Pécart, de Nevers, Gérard et Cie, de Vierzon, Deker et Mot, Bertin et sa batteuse à plan incliné, où le pauvre cheval s'efforce de gravir une pente qui n'a pas de fin!...

Nous sommes surtout intéressé par un concours d'un nouveau genre.

Personne n'igore qu'une des grandes ressources de la culture est la spéculation du lait vendu en nature ou transformé en beurre ou fromage.

La maison Pilter, de Paris, a installé, sous une tente, dans le champ même du concours, les divers instruments d'importation étrangère, pour l'extraction de la crême et la fabrication du beurre. En présence des membres d'un jury très compétent on a fait fonctionner l'écrémeuse Laval et en moins d'une heure elle a extrait une quantité considérable de crême, qui avec la barette Danoise a été transformée en beurre, lequel, après avoir passé par la délaiteuse et le malaxeur rotatif était capable de figurer avec honneur sur une table princière.

On peut voir une installation sérieuse et pratique de ce système à côté de Gisors, chez M. Bacquet, qui, sous la direction et le contrôle de M. Pilter, livre tous les jours au marché plus de 50 kil. de beurre. C'est le personnel de la maison de M. Bacquet, qui était occupé à ces divers travaux de manipulation sur le champ du concours, et il s'en tirait à merveille.

Les membres du jury ont examiné aussi avec soin une exhibition de même genre intitulée : Laiterie Franco-Danoise d'une exposant, M. Dillemann, de Paris, ancien élève diplômé de l'école Centrale; c'est une écrémeuse centrifuge danoise, système Burmerster, qui diffère beaucoup de la Laval. La partie supérieure est à air libre, on peut voir le mouvement ascendant de la crême et prendre à chaque instant la température du liquide qui doit se maintenir à 28°, celle du lait au sortir du pis de la vache.

La crême est ensuite travaillée avec la baratte danoise qui la transforme en beurre lequel est malaxé, comme chez M. Pilter.

Tous ces systèmes sont appelés à rendre de grands services, — mais ils ont le grave inconvénient de coûter cher et conviennent surtout à la grande culture et aux industries fromagères et beurrières.

Aussi ne rejetons pas nos anciens procédés plus ou moins modifiés ; ils ont la sanction du temps et de l'expérience.

Nous les avons vus lutter courageusement contre les nouveautés du jour, et nous sommes convaincu que les membres du jury rendront justice à leur mérite.

Nous avons remarqué les ustensiles de M. G. Mellion, de Lisieux (Calvados), ce sont des barattes en forme de tonneaux, tournant sur elles-mêmes au moyen d'une manivelle ou d'un manège ; puis une imitation de la baratte danoise, dans laquelle on a ménagé des compartiments pour réchauffer ou refroidir la crème, suivant la température ambiante.

Son voisin, M. Chapellier, de Ernée (Mayenne), avec des barattes polygonales thermométriques a obtenu, comme son concurrent, du beurre excellent avec un barattage de moins d'une demi-heure. Ils possèdent chacun le malaxeur danois avec quelques légères modifications avantageuses dans le mécanisme.

Quant aux ustensiles à beurre de MM. Simon et fils, de Cherbourg, ils ressemblent beaucoup aux précédents. Mais un mécanisme ingénieux permet de multiplier ou de diminuer le mouvement suivant les besoins.

Plus loin sont les appareils de M. Boucher, de Corbeny (Aisne), ils sont trop avantageusement connus pour qu'il soit nécessaire de les décrire.

Nous trouvons encore dans ce concours les utiles engins de Rouiller et Arnoult, et de Voitellier, pour l'incubation artificielle et l'élevage des volailles.

Pour ces instruments comme pour bien d'autres il faut les connaître et savoir les gouverner si on veut obtenir quelque résultat; cetté année, à l'institut agricole, nous avons obtenu plus de 60 p. %.

Nous avons regretté ne pas voir figurer à cet important concours, nos constructeurs de Bresles, sans doute qu'ils se réservent pour l'exhibition cantonale de leur propre localité. Nous aimons à penser que là ils seront les principaux vainqueurs.

La maison Chambard, de Niort, construit toujours des véhicules solides, élégants et relativement bon marché; les spéciments que nous voyons à Rouen sont remarqués.

Le constructeur bien connu du Petit-Bourg M. P. Decauville, exposait son chemin de fer à voie étroite et comme application particulière, une locomobile la MIGNONNE et un petit wagon, circulaient dans toute la longueur de l'allée centrale des instruments et transportaient des voyageurs leur épargnant ainsi, moyennant 10c la fatigue d'un parcours asssez long. — Une bonne part des bénéfices réalisés a été mise à la disposition des pauvres de Rouen.

Les précieux engins de cet établissement ont déjà rendu d'importants services aux grandes industries et même à la culture pour le débardage et le transport des betteraves. Nous espérons en voir faire des applications pratiques au concours de Beauvais.

Nous avons remarqué un autre système de chemin de fer à voie étroite qui nous paraît aussi avoir de l'avenir.

Nous avons été obligé de constater, non sans peine, que le 1er prix des charrues à l'essai, devait être décerné à un système ALLEMAND, présenté par la maison LANZ de Paris!...

ANIMAUX.

Passons aux animaux; ils sont très nombreux, et cela doit être : nous sommes dans un pays de production. Donnons le tableau comparatif de quelques expositions antérieures. Les agriculteurs et les amateurs de statistiques pourront ainsi mesurer les progrès réalisés depuis vingt ans dans notre région.

Espèce bovine.

En 1855 : 66 sujets de l'espèce bovine ont été présentés.
En 1861 : 243 sujets, id.
En 1884 : 361 sont inscrits au catalogue.

Espèce ovine.

En 1855 : 52 lots ont été exposés.
En 1861 : 124 lots. id.
En 1884 : 129 lots inscrits au catalogue.

Espèce porcine.

En 1855 : 16 sujets médiocres ont été exposés.
En 1861 : 47 sujets médiocres.
En 1884 : 59 lots inscrits au catalogue.

Animaux de basse-cour.

En 1855 : 74 têtes, expoées 8 propriétaires.
En 1861 : 178 têtes,
En 1884 : 202 lots, ou environ 500 têtes.

Produits agricoles.

En 1855 : 59 lots ont été exposés par 18 agriculteurs.
En 1861 : 172 lots par 38 agriculteurs.
En 1884 : 937 lots par 83 agriculteurs.

Nous voyons là une progression ascendante très-considérable et qui prouve qu'on marche vite dans la voie du progrès agricole et dans toutes les catégories.

S'il y a une progression sensible comme nombre, ceux qui ont suivi attentivement ces diverses exhibitions peuvent témoigner déjà que, comme qualité, le progrès est encore plus accentué. D'ailleurs, nous aurons à donner des appréciations précises à cet égard — surtout en ce qui concerne l'espèce bovine.

Nous devrions commencer par le cheval; mais le jury fonctionne et il est très difficile de pénétrer dans cette enceinte réservée. Pourtant nous pouvons constater qu'il y a environ 350 chevaux divisés en plusieurs catégories. L'immense place réservée sur le cours la Reine n'a pas suffi; il a fallu prendre sur la jolie prairie qui longe cette promenade; nous avons vu l'entrée de quelques chevaux; nous devons avouer que nous avons à travailler beaucoup dans l'Oise pour suivre, même de loin, l'élevage normand. Les courses qui ont eu lieu pendant le concours ont montré une fois de plus les immenses ressources de ce pays d'élevage. Nos courses au TROT ne ressemblent en rien à celles que nous avons vues. Il est vrai qu'ici, disons-le hardiment on y attache plus d'importance; les prix sont plus élevés et par suite il y a beaucoup plus de sérieux concurrents.

Dans les premiers prix de demi-sang exposés au concours, nous avons cru remarquer une nouvelle infusion du sang oriental. — Il est bon en effet de revenir de temps en temps à la meilleure source de l'énergie, de la vigueur en même temps que des formes élégantes.

En visitant la station d'étalons du haras du Pin, établie dans le quartier Saint-Sever, nous avons pu constater le soin que prend l'administration de fournir de très bons reproducteurs.

Espèce bovine.

L'espèce bovine n'est pas moins bien représentée à Rouen. La race normande surtout, que nous avons examinée ce matin, est hors ligne. Elle comprend 300 têtes.

La première section ne nous montre pas des animaux exceptionnels, mais l'ensemble est très-satisfaisant. Deux prix supplémentaires et quatre mentions honorables ont dû être ajoutés aux récompenses inscrites au catalogue. Citons, parmi les heureux vainqueurs, MM. Céran-Maillard, de Turqueville (Manche); Gillain, de Carentan (Manche); Barassin, de Saint-Martin-de-Fontenay (Calvados); Noël à Saint-Vaast (Manche); Delaunay, à Saint-Martin-Osmonville (Seine-Inférieure).

Les animaux de la deuxième section, un peu moins engraissés, mériteraient des éloges sans restrictions; les six prix n'ont même pu récompenser tous les méritants. Nous voyons en première ligne M. Marion, de Litteau (Calvados); puis M. Godard, de Fourneau (Manche). On a encore ajouté deux prix supplémentaires pour cette section.

Nous ferons le même reproche à quelques prix de la troisième section; les formes disparaissent sous les boules de graisse. M. Noël a un bel animal sous le n° 69. Le deuxième rang doit être attribué à M. Capey, de Méaulis (Manche), bien que son animal ait la queue un peu haute et les cornes trop fortes.

Nous ne pouvons donner les mêmes éloges aux génisses normandes de un à deux ans. Un certain nombre portées au catalogue manquent à l'appel, et parmi celles qui sont exposées, deux ou trois seulement méritent de fixer l'attention; les n°s 98 à M. Céran-Maillard; la bête nous paraît déjà avancée en gestation, bien que fort jeune, dix-neuf mois. Nous lui aurions préféré le n° 93 à M. Gillain, et même le n° 116 à M. Noël.

Les génisses de deux à trois ans, comprenant environ trente bêtes, nous ont paru moins bien comme ensemble. Le premier rang à M. Gillain et le deuxième à M. Noël devraient être cédés à M. Lecomte. Les membres du jury se sont montrés généreux et indulgens pour cette catégorie.

Nous applaudissons, au contraire, des deux mains au mérite exceptionnel des prix accordés à la troisième section, vaches de plus de trois ans. C'est la plus belle exhibition que nous ayons jamais vue dans un concours. Nous reprocherons seulement aux quatre ou cinq premiers prix trop d'embonpoint. Nos agriculteurs-éleveurs savent pourtant que cela nuit à la fécondité; ils savent mieux encore que la graisse couvre les moindres défauts !... Les dix prix n'ont pas suffi pour récompenser tous les méritants. Trois prix supplémentaires ont dû être ajoutés par les membres du jury. Citons le premier à M. Nicolle, le deuxième à M. Lecomte, le troisième à M. Dumoutier.

Nous voudrions pouvoir étendre nos appréciations et même quelques légères critiques sur la si intéressante catégorie de la race normande, mais le temps et la place nous font défaut.

Passons à la 2e catégorie, à la belle race Durham, qui tient ici une place très honorable. Nous pensons pourtant que les éleveurs, en la propageant dans cette contrée ont, surtout pour but la précocité à l'engraissement; car il est bien reconnu que, chez nous, ses facultés laitières ne peuvent être vantées.

Le jeune animal primé, à M. Grollier, de Durtal (Maine-et-Loire,) a de fortes cornes qui déparent sa belle tête. Nous lui préférons le 2e prix, de M. Gandon, de Grez (Mayenne), et même le n° 202, à M. de Villepin.

Dans la 2e section, M. de Villepin présente un bel animal qui laisse peu à désirer. Le n° 217, à M. Desprès, de la Guerche (Ille-et-Vilaine), ne lui en cède pas; il a cependant un peu moins de finesse. Tortoni, à M. de Falloux, est aussi un sujet d'élite. Pourquoi, dans cette catégorie, comme dans d'autres que nous allons parcourir, les éleveurs travaillent-ils à diminuer les cornes en les limant presque jusqu'au sang ?...

Sur les neuf animaux inscrits dans la quatrième section, six ont été présentés et tous ont mérité des récompenses. Arlequin, à M. de Falloux, tient la tête; puis viennent Waldos, à M. Roquigny, de Thérouldeville.

Dans les génisses de la première section, nous ne pouvons pas en demander de plus parfaites que celle inscrite sous le n° 238, à M. Grollier. Sofa, à M. de Falloux, lutte avec elle en beauté de formes et en finesse.

Les bêtes les plus remarquables de la section suivante sont à M. Grollier (n° 260) et à M. de Villepin (n° 257). Mais, là, encore, nous voyons des boules de graisse dignes de figurer à un concours d'animaux gras.

Dans les génisses de deux à trois ans, la victoire est due à Tauride à M. de Falloux.

En somme, c'est M. de Villepin qui mérite les honneurs pour cette catégorie. Il a obtenu le prix d'ensemble.

Dans les diverses sections des croisements Durham, ce sont MM. Roquigny, Grégoire, Saint-Réquier, Launay, qui ont les premiers prix. Mais dans les jeunes sujets, le sang Durham domine trop.

Nous avons vu dans ce concours une race qui ne nous était guère connue que de réputation; c'est la jersiaise. Nous avons pu constater que son renom comme laitière n'était pas surfait. Les formes de ces petits animaux ne flattent pas l'œil, mais la douceur de la physionomie dénote des qualités laitières de premier ordre. Un deuxième et un troisième prix sont accordés à M. Regnouf de Vains, à Brix (Manche), et à M. d'Aprigny, à Saint-Ebremont (Manche). C'est encore M. d'Aprigny, puis M. Le Duc qui ont remporté les prix pour les génisses et pour les vaches.

Les bandes de vaches laitières sont au moins dans leur état normal. La graisse ne les recouvre pas. La meilleure est sans conteste le n° 360, à M. Dumoutier.

Espèce ovine.

Ici, les races ne sont pas nombreuses; la Normandie n'est pas précisément un pays à moutons. Nous ne voyons là comme race locale que la cauchoise; elle est loin d'être belle de forme, mais sa rusticité la rend précieuse dans les fermes. Deux prix, l'un à M. Dehaye, à Fresnay (Seine-Inférieure), et l'autre à M. Ronsée, à Sierville (Seine-Inférieure), sont bien mérités.

Les métis-mérinos sont nombreux;

les meilleurs lots appartiennent à MM. Legendre, Hellard, à Gouville (Eure), Boilleau, à Illiers (Eure-et-Loir.

Pour la belle race Dishley à longue laine, c'est M. Céran-Maillard qui est le vainqueur. Citons pourtant les nos 410 à 421 à M. Gillain, ils sont très remarquables.

Les animaux de races étrangères à laine courte offrent des types dignes de figurer aux expositions universelles. Ce sont MM. de Chezelles, Waddington et Rasset, qui sont les plus méritants; citons encore M. Rayneau-Heurteau, à Laplauté, (Eure-et-Loir). Les southdown et les oxford-southdown, exposés par ces habiles éleveurs, laissent peu à désirer.

Une bonne section est encore celle des dishley-mérinos. C'est un des croisements les plus judicieux que l'on puisse faire à tous les points de vue. MM. Benoit, à Gas (Eure-et-Loir), Cailleux-Lemay, de Villepin, présentaient les meilleurs sujets.

MM. Rasset et Waddington ont obtenu les premiers prix dans les animaux exposés dans la section, croisement divers.

Espèce porcine.

L'espèce porcine, bien que venant ici en dernier lieu, n'est pas la moins estimée par nous. C'est elle qui utilise le mieux la nourriture dans la ferme.

La race normande n'était pas assez bien représentée. MM. Labbé, à Ommel (Orne), Quétel, Dumoutier, ont remporté les premiers prix dans la première catégorie, pour les nos 494, 506, 500 et 502.

La race Berkshire, noire était nombreuse; les lots exposés par MM. Souchard, Lecomte, Dumoutier, de Hauchecorne et Rasset ont bien mérité leur prix.

Nous avons remarqué dans les croisements divers des animaux très-polifiques. La truie no 551, à M. Caux, est suitée de 12 petits de bonne venue.

Le Berkshire-Normand, de M. Plaquevent, de Boisguillaume (Seine-Inférieure), est un bon reproducteur.

Animaux de basse-cour.

Nous voyons là encore une progression sensible comme nombre. Il suffit, en effet, de rappeler qu'au concours de 1855 soixante-quatorze animaux seulement ont été présentés; cette année nous comptons plus de deux cents lots. Nous devons avouer pourtant que nous espérions trouver mieux comme qualité. Encore trop d'amateurs et de marchands. Nous ne contestons pas leur mérite et les services qu'ils peuvent rendre à nos basses-cours en leur fournissant de bons types dans chaque variété, mais nous voudrions voir les agriculteurs praticiens mieux profiter de ces exibitions pour réformer dans leur basse-cour un bon nombre d'animaux qui ne leur donnent ni agrément ni profit.

Dans la première catégorie nous trouvons la poule, c'est l'animal par excellence de la fermière; ses œufs, sa chair, sont appréciés de tout le monde.

La première section comprend la race de Houdan, au nombre de vingts lots; belle race dont la huppe est en papillon ou trifurquée; cinq doigts dont deux en arrière, plumage maillé de blanc et de noir.

Nous n'avons pas vu d'animaux absolument parfaits dans cette section. Ceux qui nous ont paru fixer l'attention sont les nos 570, bien que le coq soit un peu vieux et qu'il ait la crête un peu trop chargée, à M. Voitellier, à Bernay (Eure); le no 555 à M. Blondeau, de Goussainville (Eure-et-Loir); le lot 558 à Mlle Davoust-Périot, à Houdan (Seine-et-Oise), bien que la crête du coq soit un peu irrégulière. Les deux lots de jeunes bêtes de l'année, présentés sous les nos 271 et 72 annoncent des animaux d'avenir. Ils appartiennent à M. Voitellier. Citons également le lot de M. Farcy, à Fouilletourte (Sarthe), il pêche un peu par la crête.

La section des Crèvecœur n'est pas assez nombreuse au concours de Rouen, c'est, pourtant, la poule essentiellement normande. Disons, cependant, que le petit nombre de lots exposés ont tous un mérite réel. Le n° 583, présenté par M. Voitellier, doit fixer l'attention, aussi bien que le lot de M. Voisin, de la Suze (Sarthe.) N'oublions pas non plus le n° 575, à M. Farcy, et les nos 584, à M. Voitellier, et surtout le n° 581 dont les jeunes sujets promettent du succès à leur propriétaire.

La troisième section comprenant la race de la Flèche, offre vraiment des types remarquables, mais en trop petit nombre. Citons en premier lieu le n° 590, à M. Rasset. Le lot 588, à M. Farcy, doit enlever un des premiers prix, à moins que le n° 590, à M. d'Imbleval, ne l'emporte sur son concurrent. M. Voisin a aussi un joli lot sous le n° 591. Si le n° 592 avait de meilleurs poules, il pourrait aspirer au premier rang. En somme, c'est la meilleure catégorie de toutes les volailles du concours.

Dans la quatrième section, races françaises diverses, nous trouvons un lot de poules de Mantes, à M. Voitellier; c'est probablement le résultat du croisement du Gournay et du Houdan. Dans tous les cas, elle a la qualité de l'une et ne possède pas les défauts de l'autre. Cette nouvelle race mérite d'être étudiée dans les fermes, et l'établissement de M. Voitellier rendra service en fixant ses caractères par la sélection.

Les lots des variétés du Mans, tant de la grande variété que la courte-patte présentées par MM. Farcy et Voitellier, sont dignes d'attention ; excellentes pondeuses, chair délicate, précocité, tout dénote une poule digne de figurer dans les meilleures basses-cours.

Nous ne parlerons pas de toutes les races étrangères de la cinquième section ; beaucoup ne sont que des bêtes de fantaisie et d'agrément. Celles qui ont vraiment quelque utilité dans nos fermes sont les cochinchinoises, les brahmas et surtout les dorkings.

Quelques bons lots de chacune de ces races figurent au concours. Nous avons remarqué surtout les cochinchinoises coucous du n° 613, à M. d'Imbleval, et les cochinchinois fauves du n° 630, à M. Voitellier.

Le lot de M. Rachinel, de Saint-Léger (Seine-Inférieure) est loin d'être mauvais.

La bonne race de Dorking était maigrement représentée. C'est pourtant une des meilleures poules pondeuses et couveuses, et dont la chair est délicate.

La catégorie des dindons offre peu de sujets ; mais en revanche la qualité compense la quantité ; citons le n° 649 à M. Voisin, et 647 à M. d'Imbleval.

Les oies de Toulouse dominent dans leur catégorie. M. d'Imbleval a un joli lot inscrit sous le n° 654, mais il aura fort à faire pour lutter avec le n° 656 à M. Voitellier.

La quatrième catégorie comprend les canards ; un petit nombre de races figurent dans le concours.

Nous pensions voir là une exhibition sérieuse de la belle race dite de Rouen. Nous en trouvons à peine six lots, parmi lesquels nous signalons le n° 667 à M. Voitellier. M. Rasset expose un lot remarquable dans cette variété. Celui de M. Farcy mérite aussi une certaine attention.

Les pintades ne sont pas nombreuses, deux lots seulement appartenant à MM. Voitellier et d'Imbleval.

Les pigeons, au contraire, sont très-nombreux, et nous engageons vivement les amateurs et les curieux à visiter cette partie de l'exposition ; ils verront là de petits volatils charmants par leur forme, leur couleur, leur allure : les Romains, les Montaubans, les boulants, les tumblers anglais, les bagadais, les Irlandais, les culbutants, etc, etc ; mais nous recommanderons surtout les variétés productives dans une exploitation : bizet, souabe, voyageurs gris-meuniers, tunisiens, etc.

Les lapins et léporides ne présentent que des sujets médiocres et dont la race peut être contestée.

Les principaux exposants sont MM. d'Imbleval, Voisin et Voitellier.

Pourquoi ne voyons-nous pas le bon

lapins normand ; beaucoup d'éleveurs de la contrée sont vraiment trop modestes.

N'y a-t-il pas bon nombre de cultivateurs qui auraient pu exposer avec avantage d'excellentes volailles, comme le Gournay, le Pavilly, qui brillent, par leur absence. Nous avons regretté l'abstention d'un éleveur habile, M. Lefèvre, de Saint-Michel-Hallescourt (Seine-Inférieure); beaucoup de ses animaux de basse cour auraient pu figurer avec honneur sur le champ du concours.

Nous pourrions en dire autant de beaucoup d'autres éleveurs dont le mérite est incontestable.

PRODUITS AGRICOLES.

Passons aux produits agricoles proprement dits ; une tente particulière leur est réservée près des stalles des animaux de l'espèce bovine.

L'espace est un peu restreint pour les 900 lots qui doivent y figurer.

Nous voudrions voir plus de cultivateurs parmi les exposants. Il est vrai qu'une collection un peu complète demande du soin et du temps, et souvent ce dernier manque à nos agriculteurs. L'étiquetage est assez soigné et généralement exact.

Les produits du COMICE AGRICOLE DE NEUFCHATEL-EN-BRAY occupent toute une tente. M Rasset, président et maire de Montérollier, a lui-même dirigé l'installation, qui ne laisse rien à désirer. Les nombreux échantillons sont bien choisis et vraiment remarquables. Nous avons vu là de magnifiques variétés de blés, d'avoines, de féverolles ; du maïs en tige ; des fourrages verts ensilés et d'une parfaite conservation. Nous avons surtout noté une avoine noire de Coulommiers et le blé GOLDENDROPP.

Près de 200 exposants, membres du comice sont venus joindre leur apport en beurres, en fromages aux autres produits.

Les plantes vertes, médicinales, et autres de M. Labsolu, pharmacien à Argueil, méritent une mention spéciale.

L'exposition de M. Brayé des Anthieux (Seine-Inférieure), nous laisse voir un spécimen de betteraves fourragères conservées, de très belles avoines, entre autre celle dite de Sibérie, et de bonnes variétés de blés, telles que : blés de Bordeaux, de Saint-Laud, SPEALDING, etc.; quelques beaux pieds de colza ; de luzernes et autres fourrages. Le blé SPEALDING nous a paru surtout très remarquable.

Plus loin, nous voyons les fromages carrés de Pont-Lévêque, présentés par M. Lepecq.

Une médaille d'or a déjà récompensé cet exposant au concours du palais de l'Industrie, à Paris.

M. Delaunay, de Bretteville (Calvados), expose du beurre et d'excellents fromages dit de Camembert, avec M. Lepetit, de Vieux-Pont-en-Auge. La réputation de ces deux exposants n'est plus à faire. Mais les plus méritants sont : MM. Féret-Gilbert, L'Abbé-Germain, qui obtiennent une médaille d'or pour leurs fromages affinés.

Citons encore M. Bance, récompensé de la médaille d'or dans la section du beurre frais.

A mentionner les cidres mousseux de MM. Placide, à Saint-Germain (Seine-Inférieure), et Mettais, à Anfreville (Eure). Ce sont des crûs capiteux qui mettent toujours la joie au cœur du Normand et de ses hôtes.

N'oublions pas non plus l'intéressante et très utile exhibition de M. Victor Joseph, de Petit-Quévilly (Seine-Inférieure), avec sa poudre insecticide et les appareils nécessaires pour bien l'appliquer. Ils servent à détruire une quantité d'insectes, de mulots, et d'animaux nuisibles. Il a aussi un remède éprouvé pour guérir la cocotte ou fièvre aphteuse, qui fait tant de dégâts dans les étables du cultivateur.

M. Perrette, grainetier à Enguergny (Calvados), nous laisse voir des betteraves nouvelles fourragères monstrueuses pour l'époque. Il a fallu des engrais concentrés et une culture intelligente pour arriver à d'aussi beaux résultats.

Un fabricant de miel à Fontaine-sous-Jouy (Eure) expose des pains de cire bien pure et d'autres produits qui montrent une grande habileté dans la fabrication.

Signalons aussi les eaux-de-vie de cidre; MM. Floquet et Cassé seront certainement lauréats.

Tout à côté, nous remarquons des échantillons d'engrais de la maison Gallet, Lefèvre et Ce (Paris.) Ce sont des osso-guano, des phospho-guano, des superphosphates-chilton, etc. Cette maison est avantageusement connue par la qualité de ses produits.

Des expériences faites à l'Institut de Beauvais, avec ces divers engrais, ont donné des résultats satisfaisants.

MM. Forgeot et Ce et M. Delahaye, tous deux grainiers à Paris, ont une exposition très complète en céréales, graminées fourragères et graines diverses. Les agriculteurs pourront aller là faire une étude de bonnes variétés de chaque plante. De nombreuses récompenses ont été accordées dans d'autres concours à ces deux exposants.

Nous ne pouvons passer sous silence la remarquable exposition de M. P. de Baudicour; collection de graines en bocaux; collection géologique et minéralogique classées et étiquetées avec soin selon l'ordre des terrains; un herbier agronomique, renfermant des plantes bien desséchées et bien classées par familles. Tous ces travaux annoncent un jeune homme laborieux et ami des sciences naturelles.

Nous pourrions aussi parler longuement de l'exposition collective des écoles, ayant pour titre : ENSEIGNEMENT AGRICOLE DANS L'ARRONDISSEMENT DE ROUEN. Il y a là une nombreuse collection de cahiers de rédaction, d'herbiers et autres travaux qui montrent que l'enseignement agricole est fort en honneur dans l'arrondissement de Rouen.

Signalons aussi l'établissement de Ry, l'École de Briqueville (Manche), dirigée par M. Lelièvre. Nous voyons exposés et bien en ordre un extrait d'un musée scolaire spécialement appliqué à l'agriculture, des cahiers de rédaction et de devoirs, un herbier agricole; tout cela attirera certainement l'attention des visiteurs.

Nous voudrions faire ressortir le mérite de beaucoup d'autres exposants; le temps et l'espace nous manquent. Nous nous consolons en pensant que le jury est plus à même de juger et d'apprécier que nous ces divers produits, et il le fera avec la plus grande impartialité.

Il nous serait aisé et même agréable de parler longuement encore de ce magnifique concours, tant le sujet est vaste et attrayant; mais le temps et l'espace nous manquent.

En mai 1885 doit avoir lieu à Beauvais celui de notre région. — Notre bonne ville bien que moins importante que Rouen, voudra faire honneur aux nombreux exposants et visiteurs, qui viendront lui demander hospitalité.

Puissent surtout nos bons amis les agriculteurs ne pas désespérer de l'avenir, et montrer encore ce courage, cette énergie qui les ont toujours distingués.

XVI.

Les Courses.

L'AGRICULTURE ET L'ARMÉE.

La commission du budget, à une voix de majorité, a supprimé la moitié des 600,000 francs affectés aux courses de pur-sang et de demi-sang.

Cette réduction a mis en émoi cette honorable catégorie d'hommes qui s'occupent, à des titres divers du cheval, et qui cherchent à obtenir l'amélioration et la conservation des meilleurs types pour les courses.

La chose est grave, en effet, cette institution si péniblement amenée à l'état prospère où nous la voyons aujourd'hui peut être gravement compromise, surtout en ce qui touche les hippodromes de provinces, qui se soutiennent en grande partie par les subventions de l'Etat.

Nous ne regretterions que peu cette suppression, si nous ne considérions que le côté défectueux, nous allions dire le côté démoralisateur des courses par suite des abus qui s'y sont introduits et qu'il est inutile d'énumérer ici !...

Mais est-ce parce que l'on abuse du feu, de la poudre, de la vapeur, etc., qu'il faut rejeter ces éléments? Qui oserait le soutenir?

C'est à l'autorité à prendre les mesures pour que le but primitif d'une institution ne dégénère pas.

Nous aimons donc mieux envisager le côté utilitaire des courses; nous voulons nous unir aux hommes plus influents et plus compétents sur ce chapitre, et défendre avec eux tout ce qui, de près ou de loin, peut porter atteinte aux intérêts majeurs de notre agriculture et de notre défense nationale.

Personne ne conteste que le but primitif des fondateurs des courses et de ceux qui sont encore à la tête des Sociétés dirigeantes de cette institution, est un but essentiellement améliorateur pour le cheval. C'est le moyen le plus certain de juger la supériorité des animaux qui luttent entre eux de vitesse, de fonds et d'haleine, qualités qui font le bon cheval. Elles désignent à la reproduction les types d'animaux capables d'améliorer nos espèces dégénérées. D'ailleurs on peut en constater les heureux résultats :

Ce sont les courses qui, dans nos contrées méridionales, ont conservé le type de l'excellent cheval oriental, qui a toujours rendu d'importants services.

Ce sont elles qui ont, en quelque sorte, créé le cheval de pur sang anglais, révélé et mis en évidence ses éminentes qualités. — Ce sont elles qui le maintiendront à la place d'honneur qui lui convient.

Le pur-sang anglais est un animal précieux, non parce qu'il peut fournir ces courses vertigineuses, qui lui font parcourir quatre kilomètres en moins de cinq minutes et le rendent vainqueur sur nos grands hippodromes aux applaudissements enthousiastes d'une foule trop souvent intéressée, mais parce que c'est un cheval qui joint la solidité à l'élégance et peut rendre beaucoup plus de services que ne le pensent ses détracteurs.

Ceux qui ne le voient que sur nos hippodromes, avec ses formes anguleuses, sa maigreur factice, son état *ficelle*, comme on dit, le jugent mal et oublient que c'est le résultat d'un long et pénible entraînement. Mais le pur-sang, élevé dans les conditions normales, est ce joli et élégant animal, aux formes gracieuses, à charpente solide, à membres d'acier. Sa tête est fine, carrée, sèche; les yeux grands, sortis, pleins de feu; les oreilles fines et bien plantées; l'encolure droite mais flexible; le garrot élevé; la ligne du dos et du rein droite; la croupe horizontale; la poitrine haute et profonde; l'épaule longue et oblique; l'avant-bras long, large et musclé; les canons courts; les cuisses bien descendues; le jarret large et puissant; une robe agréable, à poils fins; crins peu abondants. Il possède en un mot toutes les formes qui conviennent aux chevaux qui ont à fournir des courses rapides et pénibles. Tout le monde sait qu'il atteint une vieillesse peu commune dans les animaux de son espèce.

D'une grande intelligence, d'une douceur exceptionnelle, il est susceptible d'une éducation parfaite. Il devient alors une monture élégante et sûre. Ceux qui lui ont reproché des réactions dures, de n'être pas un bon trotteur, peuvent prendre des informations auprès des nombreux officiers et d'autres écuyers compétents qui le préfèrent aujourd'hui au demi-sang le mieux réussi.

Cependant n'exagérons rien; le temps n'est pas encore venu où notre cavalerie pourra peut-être faire grand usage de cette précieuse race. Nous savons pourtant qu'en Autriche des régiments d'élite sont montés avec le pur sang.

D'autre part, personne n'aura jamais la pensée de remonter notre cavalerie avec le Boulonnais, le Flamand, le Percheron et autres races massives qui ne peuvent convenir qu'aux travaux de l'agriculture ou aux lourdes tractions.

Alors où trouvera-t-on le cheval type qui convient à notre armée?... Là il faut des montures rapides et solides, qui lancent des pointes de reconnaissances contre les ennemis, qui se dérobent prestement à leurs coups, qui fassent les transports des vivres, des munitions avec diligence et qui supportent les fatigues et les privations. Le cheval qui réunit toutes ces qualités est le *demi sang*.

L'Etat a un immense intérêt national à posséder une excellente cavalerie. Il a en même temps le *devoir* de prendre ou de conserver les moyens d'arriver à ces heureux résultats.

Qui veut la fin veut les moyens. Pour avoir de bons demi-sang, il faut nécessairement des purs sang d'élite dont les qualités ne peuvent être constatées que par des épreuves sérieuses, par les *courses*. A ce double point de vue il y a donc *obligation* pour ceux qui président à nos destinées, qui sont nos mandataires, d'encourager par tous les moyens possibles la production et l'élevage du pur sang, en vue des croisements rationnels avec nos bonnes races françaises. Le meilleur moyen, c'est la subvention aux courses qui, loin d'être diminuée, devrait être augmentée.

Qu'on nous permette ici une réflexion qui paraît s'éloigner du sujet, mais qui, pour nous, s'y rattache directement.

Les habiles éleveurs anglais qui ont obtenu le pur sang, qui ont voulu le fixer comme race, le perfectionner dans ses qualités primitives en opérant la sélection par les courses; — ces hommes tels que *Godolphin*, capable de découvrir dans un cheval attelé à une voiture de porteur d'eau à Paris, un animal pouvant fournir une lignée de 334 descendants illustres; le colonel *O'Kelli* achetant au marchand de moutons *Wildman* l'invincible *Eclipse*, père de 334 vainqueurs, qui valurent à leurs propriétaires plus de 160,000 livres sterling, — ces hommes ne procédaient pas comme en France. Ils ne demandaient jamais à des poulains de 2 et 3 ans, des courses rapides et soutenues; ils ne les lançaient sur les hippodromes qu'à l'âge de 5 ans; alors ils en obtenaient des courses de fond de 6 à 8 kil.; c'est ainsi qu'*Eylau* a parcouru 4,000 mètres en 4^m51; et *Fling-Childon* 7 kil. en $7^m1/2$.

Nous croyons sincèrement que ces animaux qu'on exploite si jeunes, après leur avoir donné en quelque sorte une constitution artificielle, ne peuvent devenir plus tard que de médiocres reproducteurs.

Des poulains soumis à des efforts extrêmes au moment de leur formation, du développement de leur constitution morale et physique, sont incapables d'être ensuite des types améliorateurs. Quels sont les descendants de certains vainqueurs français, estropiés, usés ainsi de bonne heure?... Nous applaudissons au vœu émis à la Société des Agriculteurs de France, dans sa séance du 21 février, au sujet de la modification des courses sur cet important chapitre.

Si pour conserver le pur sang avec toutes les qualités précieuses qui le distinguent, les épreuves des courses *bien réglées* sont nécessaires, elles ne le sont pas moins pour la production et l'amélioration du demi-sang.

Comment, en effet, apprécier, la véritable valeur d'un cheval sans le voir en action, sans le soumettre à des épreuves sérieuses qui font connaître ses allures, son tempéramment, sa force de résistance, toutes les qualités, en un mot, qui conviennent à un parfait reproducteur.

La question nous paraît d'une si grande importance au point de vue de la production de l'élevage, du perfectionnement de l'espèce chevaline si nécessaire pour maintenir notre honneur, notre prospérité nationale, que nous voudrions non-seulement voir maintenir, mais augmenter les subventions accordées par l'Etat et les sociétés, surtout aux hippodromes surburbains et multiplier ces derniers dans quelques localités, où, comme en Bretagne, les petits éleveurs viennent courir en blouse avec leurs bidets. Le progrès aurait ainsi lieu du haut en bas de l'échelle.

Outre l'intérêt patriotique qui ressort du maintien et de l'encouragement de cette institution, il y a un intérêt pécunier à protéger les éleveurs français. Un pays comme le nôtre ne peut être à la merci d'une nation anglaise ou autre. Si cette dernière avait le monopole de l'élevage du pur-sang, la concurrence n'existant plus, nous serions obligés de le payer des prix exorbitants. Les sommes que les Haras consacrent à l'encouragement des courses seraient promptement englouties par la surenchère que ferait naître la demande.

Déjà, en France, les chevaux de tête coûtent fort cher, 20, 40, 50, 100 et 150,000 fr. Pour un reproducteur d'élite, il faut élever 10, 20, 50 chevaux. L'Etat ne peut se faire éleveur; cela reviendrait encore plus cher aux contribuables que les encouragements donnés aux éleveurs particuliers par les subventions aux courses.

Les riches propriétaires seuls, placés dans des conditions spéciales, sont à même de se livrer à la spéculation du pur sang.

Ils peuvent attendre les encouragements que leur offrent des courses dans lesquelles ils espèrent, non-seulement les prix décernés aux vainqueurs, mais encore la plus-value acquise par les animaux qui affrontent ces luttes.

Il en est de même du demi-sang, avec cette différence, pourtant, qu'il revient moins cher à son éleveur, parce que ce dernier a le concours des Haras, qui peuvent lui fournir un bon reproducteur à des prix presque insignifiants. Son attention doit se porter avant tout sur le choix de la jument, puis sur quelques soins de nourriture, d'hygiène et de dressage en vue d'un concours ou de courses, qui donnent de la valeur à son animal. N'est-ce pas un point acquis au progrès de l'élevage du vrai cheval de service.

Pour fournir de bons reproducteurs aux éleveurs, les Haras ont besoin de subventions qui leur permettent d'établir des concours, des épreuves à la suite desquelles ils pourront choisir les animaux qu'ils enverront en station. — Quelques-uns sont produits au haras de Pompadour; mais qu'est-ce que 40 à 50 chevaux sortis de cet établissement, comparés aux 430 étalons de pur sang que comptent les dépôts et les Haras. Il leur faut 193 pur sang anglais, 143 pur sang arabe, 94 pur sang anglo-arabe, 1,854 étalons de demi-sang.

L'Administration ne peut les prendre que chez les bons éleveurs encouragés eux-mêmes par les primes accordées aux vainqueurs et la plus-value des animaux qui ont été jugés dignes de concourir.

En résumé, l'importante diminution proposée par la commission du budget, mettrait en grand danger de faire disparaître surtout nos hyppodromes suburbains; elle serait très préjudiciable à l'élevage du pur sang; elle ne le serait pas moins à la production du demi-sang indispensable à la remonte de notre cavalerie.

Nous espérons qu'en présence des justes réclamations de Sociétés de courses, des éleveurs et amateurs de chevaux, de l'agriculture française toute entière, éprouvée de tous côtés, le Parlement voudra, dans un esprit d'équité et d'intérêt national, maintenir l'allocation annuelle aux courses de pur sang et de demi-sang, et donner ainsi satisfaction aux plus légitimes revendications de la grande majorité de ses futurs électeurs (1).

(1) Depuis que nous avons écrit cet article, la question a été de nouveau soumise aux Chambres. Le Sénat a d'abord rétabli ce crédit. Dans sa séance du 12 mars, la Chambre des députés, après les éloquents plaidoyers de MM. Méline, ministre de l'agriculture; baron Demarçay, le général Lewal, ministre de la guerre, a voté ce même crédit, à une majorité de 80 voix.

Bravo!!

XVII.

Pomme de Terre *(Solanum Tuberosum).*

Cette plante, de la famille des solanées a la tige anguleuse, branchue, rampante, les feuilles ailées ; les fleurs roses, blanches ou violettes ; la graine est plate, petite, renfermée dans des baies vert-jaunâtre de la grosseur d'une cerise. Les rameaux souterrains donnent des tubercules féculents qui entrent dans l'alimentation de l'homme et des animaux.

Historique. — La pomme de terre est originaire de l'Amérique méridionale où elle vit encore à l'état sauvage sous le nom de *Papas*. Dombay, voyageur péruvien, l'a trouvée dans la Cordillière des Andes. J. Pavon l'a également rencontrée sur les hauteurs qui avoisinent Lima.

Elle est cultivée au Pérou de temps immémorial. Importée en Espagne, peu après la conquête du Nouveau-Monde, elle est aujourd'hui répandue sur toutes les contrées du globe.

En 1545, John Hawkins, marchand d'esclaves, la faisait connaître en Irlande. Zarate et Acosta, auteurs castillans, en ont fait une description très détaillée. A la fin du XVIe siècle, elle était déjà répandue en Italie sous le nom de *Taratouffli* (Truffe de terre). De l'Italie, elle passe en Suisse, de là en Allemagne, puis en France; elle était connue en Dauphiné, sous Olivier de Serres, qui la décrivit sous le nom de *Cartoufle*. Clusius (Charles de Lescluse), naturaliste d'Arras, en 1588, en reçut deux tubercules, qui avaient été donnés à un de ses amis par le légat du Pape. Vers 1592, elle jouissait d'une grande réputation dans la Franche-Comté, la Bourgogne et les Vosges, grâce à Gaspard de Bauhin. Thaër, agnonome allemand, nous apprend qu'après la famine de 1771, sa culture se généralisa en Allemagne.

En France, le bruit se répand bientôt que la plante est dangereuse ; elle perd alors beaucoup de son importance. Un arrêt de Besançon porte, en effet, que « *la pomme de terre est une substance pernicieuse, son usage pouvant donner la lèpre, défense est faite de la cultiver sous peine d'une amende arbitraire.* »

Cependant, malgré ces préjugés, Duhamel en conseilla la culture comme des plus utiles. Le ministre Turgot obtint de la Faculté de Médecine de Paris une consultation affirmant que la pomme de terre constitue un aliment sain ; dès lors, on se met à la cultiver en grand dans le Limousin et l'Anjou.

En 1765, l'évêque de Castres, Mgr du Barral, distribue des tubercules à quelques curés de son diocèse, et, par mandement, leur en recommande la propagation. Plusieurs grands propriétaires lui accordent même la cession gratuite de terres en faveur des pauvres qui voudront les planter en pommes de terre.

Enfin, l'illustre *Parmentier*, natif de Montdidier (Somme), à force d'efforts et de luttes, fait tomber tous les préjugés existant encore sur la précieuse solanée. Il commence par la capitale. Par ordre du roi, le champ des Sablons, près de Grenelle, lui est abandonné. Dès que la solamée est fleurie, Parmentier s'empresse d'en offrir un bouquet au roi, qui l'accepte volontiers. Bientôt les courtisans la portent à la boutonnière et promettent leur protection à la plante favorite. Au moment de la maturité, Parmentier fait garder le champ des Sablons par des soldats, mais avec liberté de dormir la nuit. Par de faciles et nombreux larcins, les maraîchers des environs se procurent des tubercules qui sont plantés soigneusement l'année suivante. En même temps, un grand repas est offert aux célébrités de l'époque ; la pomme de terre en fait à peu près tous les frais; on le trouve excellent!... dès lors, la cause de cette plante est gagnée. La Convention, elle-même, par décret de 1795, ordonne la plantation, en pommes de terre, des jardins des Tuileries et de Versailles. Des environs de Paris, cette culture s'étend bientôt dans toutes les provinces. Les publications de Parmentier, de Cadet-Devaux, et, plus tard, de Payen, de Dubrunfauld, etc., en font connaître les propriétés et la richesse en fécule, en sucre, en alcool, et contribuent beaucoup à la généraliser pour la nourriture de l'homme et des animaux. En 1815, trois cent cinquante hectares étaient cultivés en pommes de terre. En 1844, sa production fut de cent cinquante millions d'hectolitres pour environ un million d'hectares. En 1845, et les quelques années suivantes, une affreuse maladie réduisit de plus de moitié l'etendue de cette culture. En Irlande, où la pomme de terre faisait le fonds de l alimentation, il en résulta une épouvantable famine. Depuis, la maladie a beaucoup diminué d'intensité, et, aujourd'hui, cette précieuse plante est cultivée sur une grande échelle, et devient une ressource importante pour le cultivateur et l'alimentation publique.

VARIÉTÉS.

Les variétés de pommes de terre sont très nombreuses; on en compte aujourd'hui plus de trois cents qui diffèrent par la couleur, la forme, la précocité, etc.

On classe généralement toutes ces variétés en trois catégories :

1° Les Patraques. — Tubercules ronds, bosselés, yeux nombreux et enfoncés; telles sont : *Chardon, Chave, Patraque, Vosgienne, Champion, Seguin, Rohan,* etc.

2° Les Parmentières ou Hollandaises. — Tubercules plats, allongés, yeux à la surface; telles sont : *Marjolin, Early Rose, Brésée's, Quarantaine, Eléphant, Van der Veer, Zélande,* etc., etc.

3° Les Vitelottes. — Tubercules cylindriques, yeux nombreux et enfoncés; telles sont : *Vitelotte rouge, jaune, violette, cornichon,* etc.

Parmi ces variétés les unes sont hâtives, d'autres sont demi-hâtives et d'autres sont tardives. Des expériences très nombreuses et très suivies faites depuis plus de 20 ans à l'Institut agricole de Beauvais sur un grand nombre de variétés, au point de vue du rendement, de la richesse en fécule, de la résistance à la maladie, de la nature du terrain, de la quantité de fumier, de la profondeur et de l'écartement dans la plantation, du buttage, nous permettent un classement pratique.

Nous mettons en première ligne celles destinées à l'alimentation de l'homme et qui réunissent, à la quantité, la forme, la qualité, la rusticité. Puis nous donnerons celles qui peuvent être le plus avantageusement travaillées par l'industrie, c'est-à-dire les variétés à fort rendement et riches en fécule.

GRANDE CULTURE.

1° Hatives. — *Early rose*, gros tubercules, roses, allongés; demande terre légère, riche, anciennement fumée.

Early favorite; même forme; de couleur plus pâle; donne davantage; est plus rustique que la précédente; demande mêmes conditions de culture.

De *Hollande* ou *Quarantaine*, jaune longue, bonne qualité.

Brésée's prolifique, jaune, plate, yeux à la surface, peau légèrement rugueuse; variété peu ancienne, mais qui a constamment donné de bons résultats depuis 10 ans à l'Institut agricole et ailleurs. Son rendement a toujours dépassé 20.000 k.

Demi-Hatives — Nous devons mettre en première ligne la variété dite *Institut de Beauvais*, cultivée en grand depuis plusieurs années; elle a donné anuellemment plus de 30.000 k. par hectare de gros tubercules de belle forme, bons à manger et qui se conservent bien.

Voici la description donnée par le Directeur de l'Institut agricole :

Tubercule jaune pâle, avec taches roses, irrégulières, liseré vert presque imperceptible, cercle assez régulier dans les petits et coupe ellipsoïdale dans les gros. Végétation luxuriante, tiges aériennes généralement élevées, homogènes, à angles saillants, marquées de purpurin. Feuilles plissées de couleur vert clair. Jeunes pousses blanches à pointes violacées. Fleurs blanches, grandes, au nombre de 5 à 8, portées sur de longs pédicelles. Les tubercules sont généralement très gros, ramassés autour de la tige aérienne et faciles à récolter.

Voici maintenant la description donnée par M. Henri de Vilmorin :

« Plante très vigoureuse, *d'une fertilité qui égale et dépasse celle des variétés les plus productives.*

« On a constaté cette année, à l'Institut de Beauvais, où la plante a été obtenue et multipliée, un rendement en poids de 47,000 kil. à l'hectare. Les tubercules sont tous très gros, longs et larges, aplatis et bien faits, ayant les yeux rares et peu profonds. Ils ont la peau d'un rose pâle, légèrement saumonée. Cette couleur se prononce un peu plus à l'entour des yeux. La chair est blanche ou jaune très pâle. »

Magnum bonum, jaune, pointue, lisse; donne des tubercules moyens, mais nombreux et de bonne qualité.

Signalons encore : *Mecklembourgeoise, Saucisse rouge, Semis de Farinosa.*

3° Tardives. — Citons, tout d'abord, *Red'Shinned flourball* (Boule de farine); couleur rouge; tubercule un peu aplati, pointu à une extrémité; yeux peu enfoncés; peau rugueuse; donne cinq à six gros tubercules tout près de la touffe; elle est farineuse; se conserve bien. Depuis dix ans, son rendement, à l'Institut agricole, a varié entre 25 et 35,000 kilog.

Rouge de Bohême; presque ronde, rouge, le tour des yeux rubané de blanc pale.

Forster's early speack blow; gros tubercules bosselés, roses avec taches blanchâtres; les yeux un peu enfoncés.

Champion, ronde, jaune; tubercules nombreux, mais un peu petits; elle est de bonne qualité.

La *Van der Veer* et la *Chardon,* qui ont donné pendant longtemps des rendements considérables, sont bien dégénérées. D'ailleurs leurs qualités ne les ont jamais placées au premier rang.

PETITE CULTURE MARAICHÈRE.

Toutes les *Marjolin,* n'ayant qu'un œil à la pointe; elles demandent quelques soins pour la conservation et la plantation.

Indiquons encore : *Shaw améliorée, Early favorite, Bressée's.*

Voici celles qui peuvent être adoptées pour l'industrie, parce qu'elles sont avantageuses et pour le cultivateur et pour le féculier :

Red'Skinned, Institut de Beauvais, Rouge de Bohême, Merveille d'Amérique, Prussiana, Forster's early speack blow, Van der Veer, Chardon.

CONDITIONS CLIMATÉRIQUES.

La pomme de terre est la plante des pays tempérés; cependant, la rapidité de sa végétation permet de la cultiver sous tous les climats. D'après M. de Gasparin, elle exige 2,200 à 3,000° de chaleur pour mûrir ses tubercules. On peut la cultiver à une très grande altitude, là même où les céréales souffrent. Ainsi, dans les Andes, on la trouve à 3 et 4,000 mètres d'élévation. Elle résiste moins dans les pays secs et chauds; là, il y a souvent une double végétation : à la première, se forment des tubercules qui restent petits et, avant l'arrachage, ils en donnent des secondaires de peu de valeur et qui nuisent aussi aux premiers. Dans notre région, ces accidents ont lieu quand le commencement de l'été est très sec et que la pluie tombe en août.

TERRAIN.

La qualité de la pomme de terre dépend autant de la nature du sol que de la variété. Bien qu'elle végète dans tous les terrains, ses meilleurs produits viennent en sols légers, sableux, d'alluvion, argilo-calcaires, ayant une certaine profondeur. Dans les terrains frais et humides, ses tubercules n'ont que peu de qualité, et se conservent difficilement.

PLACE DANS L'ASSOLEMENT.

Elle est essentiellement plante sarclée et nettoyante, et tient la tête de l'assolement. Avec une fumure abondante, elle peut pourtant venir après toute espèce de plantes. On peut la faire succéder plusieurs fois à elle-même; mais alors elle est plus sujette à la maladie. Des auteurs, et notamment Schwerz, affirment l'avoir vu cultiver sur le même terrain dix et douze ans de suite. Mais, pratiquement, il faut éviter de la mettre à la même place avant cinq ou six ans.

PRÉPARATION DU SOL.

Avant, ou pendant l'hiver, donner un vigoureux labour avec lequel on enterre le fumier, puis un second, moins profond, au moment de la plantation; si la terre n'est pas bien meuble, herser fortement dans tous les sens. Il n'y a pas de plantes qui demandent une terre mieux préparée et plus profondément ameublie que la pomme de terre. Comment veut-on que des tubercules se développent dans un sol dur et mal préparé?

ENGRAIS QUI CONVIENNENT.

Le meilleur engrais est le bon fumier de ferme bien décomposé. Les substances alcalines : potasse, soude, chaux, aident puissamment à l'absorption des éléments qui conviennent à cette plante. On a constaté plusieurs fois que le mélange de fumier, de boues, de cendres végétales, de chaux, a donné de très bons résultats. Les engrais marchands dits *Amiennois* ont produit des effets remarquables, enterrés au moment de la plantation et en complément du fumier ordinaire.

L'expérience a prouvé que le fumier frais mis en contact avec la semence occasionne la maladie; il convient de le mettre assez longtemps à l'avance pour qu'il puisse se décomposer avant le semis. Généralement le produit de la pomme de terre est en rapport direct de l'engrais employé. Une fumure de 50 et même 60,000 k. à l'hectare est nécessaire. Dans les Flandres et dans quelques contrées de l'Allemagne, on applique directement le purin en arrosage après que la pomme de terre est levée. Les débris de gazon conviennent bien aussi à cette plante; dans certains pays ils constituent le fond de la fumure.

ÉPOQUE ET MODE DE PLANTATION.

Des essais nombreux ont prouvé que le produit de la pomme de terre, surtout pour les variétés hâtives, est bien plus considérable, si la plantation a lieu de bonne heure. On a même essayé de planter avant l'hiver; mais il faut enterrer profondément la semence pour la soustraire à la gelée; c'est un inconvénient pour un certain nombre de variétés qui aiment à végéter à la surface du sol. L'époque la plus convenable pour nos départements du Nord est mars et avril.

Il y a trois modes de reproduction pour la pomme de terre: *1° Semence; 2° Bouture; 3° Tubercule.*

1° Semence. — Prendre des baies bien mûres, les presser et faire sécher les petites graines; semer sur couche chaude en février et mars, puis recouvrir très légèrement. Lorsque les pieds ont 10 à 15 centimètres, les repiquer en un bon sol sain et léger, à environ 15 centimètres de distance. Donner ensuite tous les soins de sarclage et d'ameublissement qu'exige le sol. A la première récolte, on obtient de petits tubercules de la grosseur d'une noisette ou d'une noix de 15 à 20 grammes. Ce n'est qu'à la 4e et souvent à la 5e année que la pomme de terre est arrivée à son complet développement. C'est ainsi qu'on obtient de nouvelles variétés ou que l'on renouvelle les anciennes.

2° *De Bouture.* — On prend les germes ou les tronçons de germes que donnent les pommes de terre à la cave; on les plante dans un sol léger, riche et bien abrité. Quelques amateurs font une plantation hâtive de tubercules très rapprochés; ils ont ainsi beaucoup de tiges; ils coupent les premières et les repiquent, à l'abri du soleil et de la trop grande lumière, dans de la bonne terre. D'autres enlèvent les yeux d'un tubercule avec une petite embase et les plantent dans les mêmes conditions que les germes. Cette méthode est économique, car on conserve ainsi la pomme de terre presque entière pour la consommation.

D'après MM. de Gasparin, Villeroy et plusieurs essais faits à l'Institut agricole de Beauvais, il est reconnu que ces procédés pratiqués *avec soin* donnent quelquefois comme produit les 2/3 d'une récolte ordinaire. Ils ne peuvent rendre de réels services que les années où les pommes de terre seraient rares ou pour renouveler les variétés.

3° *Par Tubercules.* — C'est surtout par tubercules que l'on multiplie la pomme de terre. On prend les moyens, pourvus de bons yeux, bien conformés. En plantant de gros tubercules le semis reviendrait trop cher. Les petits ne donneraient que des tiges maigres et seraient incapables de nourrir la plante dans les conditions ordinaires. Si on divise les gros tubercules pour la plantation, il est essentiel que chaque partie ait au moins un œil bien conformé. Il est bon de laisser sécher les plaies de pommes de terre coupées avant de les mettre en place. On peut aussi les saupoudrer avec de la chaux, du plâtre, de la cendre, etc., afin que la blessure fraîche ne soit pas en contact immédiat avec la terre. Si on n'a que de petits tubercules comme semence il est bon d'en mettre deux à la même place ou de les rapprocher davantage. Ces manques de précautions occasionnent souvent des échecs dans la culture de cette bonne plante.

MODES DE PLANTATION.

La terre étant bien préparée, on plante à la main, à la charrue et au semoir.

1° *A la Main.* — On rayonne le champ en long et en travers, de manière que les lignes soient de 50 à 60 c. et les lignes transversales de 40 à 50 c., puis avec un hoyau ou une bêche on creuse un trou à chaque intersection, on y dépose un tubercule et on le recouvre avec la terre du trou de la ligne suivante. Certains cultivateurs se contentent de déposer la pomme de terre au point d'intersection et de la recouvrir avec une bêchée de terre. C'est une bonne méthode.

2° La pomme de terre se plante le plus ordinairement *à la charrue*. On ouvre une raie, puis une seconde dans laquelle on dépose le tubercule à la distance convenable et de manière qu'il ne soit pas écrasé par les pieds des animaux. C'est la méthode la plus expéditive et la plus économique.

3° *Au Semoir.* — Le semoir à pommes de terre est encore peu connu; cependant nous pensons qu'il est appelé à rendre des services importants là où on cultive beaucoup cette solanée. Un disque, armé de griffes, tourne dans une caisse remplie de tubercules; il en prend un à chaque tour et le dépose dans un trou fait avec un soc ou un piocheur placé un peu en avant; une petite herse recouvre le tubercule qui se trouve ainsi partout à la même distance et à la même profondeur. Un seul cheval suffit pour conduire l'instrument qui peut planter plus d'un hectare par jour.

Nous avons constaté que certains cultivateurs enterrent trop les tubercules de semence. Nous l'avons dit déjà : la pomme de terre étant une excroissance de la tige a besoin de beaucoup d'air, et, par suite, doit vivre dans une terre meuble, légère, facilement pénétrée par les agents atmosphériques. La végétation de certaines variétés surtout nous démontre ce fait : la *Van der Veer*, par exemple, ne forme ses tubercules qu'à une faible profondeur du sol, souvent même on les voit apparaître à la surface. En général, la profondeur de 5 à 10 centimètres est bien suffisante ; plus tard, on accumulera la terre autour des touffes par le buttage.

Soins de culture.

Dès que les premiers germes des tubercules plantés commencent à paraître, il faut herser vigoureusement pour ameublir la surface du sol, faciliter la sortie et le développement des tiges, détruire les mauvaises herbes qui lèvent en même temps. Quelques semaines plus tard on exécute les sarclages et le *buttage*. Cette dernière opération se fait à la main dans la petite culture, et avec le butteur sur les grandes étendues. Elle consiste à relever la terre autour des touffes quand les tiges ont atteint quinze à vingt centimètres. Le sol ainsi travaillé se laisse mieux pénétrer par l'air, permet aux jeunes tubercules de se développer à l'aise. Dans les terres un peu fraîches, c'est un moyen d'assainissement qu'il ne faut jamais négliger. Dans les terres légères et peu profonde, en accumulant ainsi la terre autour des tiges, on entretient la fraîcheur nécessaire à la végétation souterraine des tubercules. Les différences de rendements obtenus, à l'Institut agricole, par le non buttage et le buttage ne permettent pas de douter de la bonté de cette dernière opération.

On a conseillé de supprimer les fleurs, de pincer les tiges pour refouler la sève au pied. Nous avons constaté qu'on augmentait ainsi le rendement. Mais il faut rejeter l'opération qui consiste à supprimer toutes les fanes au moment de la floraison ; ce sont, en quelque sorte, les organes générateurs et respiratoires des tiges souterraines, et cette suppression ne peut que produire de mauvais effets. D'ailleurs, comme fourrage, ces fanes ont peu de valeur. Mangées en grande quantité, elles ne sont même pas saines pour les animaux. Elles occasionnent des coliques et des diarrhées souvent dangereuses.

Conservation.

Les pommes de terre se conservent ordinairement en cave saine, quand elles ont été rentrées bien sèches. Mais on peut aussi très bien les garder en silo, hermétiquement fermé, en pleine terre, pourvu qu'on empêche l'humidité d'y pénétrer. Il est bon, avant de les réunir ainsi en gros tas, de les laisser, comme on dit, jeter le coup de feu, sous un hangar bien aéré, pendant plusieurs jours.

Si des tubercules viennent à être gelés, il ne faut pas les jeter ; on les met aussitôt dans de l'eau fraîche ; ils dégèlent doucement ; alors il faut les laisser sécher, se ressuyer doucement, puis les donner à manger sans tarder ; ou encore les découper, les faire sécher à l'étuve ou dans un four ; ils se conservent ainsi très longtemps, et ils sont trés bons pour la consommation.

Composition.

Elle est assez différente, suivant les variétés et le terrain dans lequel elles sont cultivées. D'après des essais sur quarante-huit variétés, Vauquelin a donné la composition suivante :

Fécule (principe essentiel) de	15	à	28 °/°
Eau	67	à	78
Parenchyme ou ligneux	1	à	1 1/2
Substances solubles	2	à	3

Depuis, de nombreuses expériences ont été faites par les plus savants chimistes, et les résultats obtenus sont venus corroborer ceux de Vauquelin.

Généralement on apprécie la valeur d'une pomme de terre d'après sa teneur en fécule. Un grand nombre d'analyses sur diverses variétés ont mis en évidence celles qui avaient le plus de qualités à ce point de vue.

Mais il faut aussi tenir compte du rendement à l'hectare. Ainsi la *Champion*, la *Séguin* et quelques autres, plus riches en fécule que *Red Skinned*, *Institut de Beauvais*, *Van der Veer*, en fournissent moins par hectare à cause de l'énorme différence du produit total.

Voici le classement qui a été fait à cet égard à l'Institut agricole, après de nombreux essais : *Van der Veer*, *Institut de Beauvais*, *Forster*, *Stirling White*, *Red'-Skinned*, *Champion*, *The Queen*.

Récolte.

La maturité a lieu à diverses époques, suivant les variétés ; quelques-unes sont mûres dès le mois de juillet ; la plupart sont bonnes à récolter dans le courant de septembre.

On reconnaît que la pomme de terre est mûre quand les tiges sont fanées naturellement, et non par suite d'une maladie, malheureusement fréquente et connue sous le nom de *frisolée*. Alors les tubercules ont leur grosseur normale ; ils se détachent bien et se conservent de même. Si les fanes sont atteintes de la maladie, il est bon de les couper aussitôt ; ordinairement le tubercule est ainsi préservé et se conserve.

Ainsi que nous l'avons déjà dit, dans les années de sécheresse, les pommes de terre sont souvent arrêtées dans leur végétation souterraine ; quand vient ensuite la fraîcheur, elles repoussent, donnent des *rejetons ;* le premier tubercule devenant ainsi *mère* n'a que peu de qualités nutritives. Dans ce cas il vaut mieux récolter de bonne heure.

L'arrachage demande plus de soin qu'on en prend ordinairement. Il se fait à la main, en se servant de la fourche, de la pioche ou du bident ; il est plus expéditif de se servir de la charrue ; en faisant passer le soc sous les touffes, les tubercules se trouvent soulevés et répandus à la surface du sol. Mais on a aujourd'hui une arracheuse de pommes de terre qui exécute bien mieux ce travail ; son emploi économique tend de plus en plus à se généraliser. Elle se transforme en butteur et permet d'économiser ce dernier instrument. Tous nos bons constructeurs de l'Oise, MM. Bajac, Amiot, etc., fournissent ce véhicule à des prix très modérés.

Quel que soit le mode d'arrachage, il faut éviter avec le plus grand soin de blesser, de froisser les pommes de terre. Leur conservation en dépend.

Il est bon de laisser les tubercules se ressuyer, se sécher avant de les ramasser. Si le temps est beau, quelques heures suffisent pour cela. Il y a graves inconvénients à les laisser exposés à la pluie ou à la rosée.

Pour éviter les frais de main-d'œuvre, on devrait faire le triage sur le champ même : d'un côté les gros tubercules pour la vente ou la consommation du ménage ; de l'autre les moyens pour la semence ; enfin les petits pour la nourriture des animaux.

Rendement.

Un journal d'horticulture publie, d'après un rapport officiel, l'état suivant de la production annuelle des pommes de terre dans les principaux pays civilisés :

Allemagne, 117.500.000 quintaux métriques ; France, 56.500.000 ; Russie, 55.000.000 ; Autriche, 37.500.000 ; Etats-Unis d'Amérique, 23.500.000 ; Irlande, 19.000.000 ; Grande-Bretagne, 13.000.000 ; Belgique, 10.000.000 ; Suède, 8.000.000 ; Hollande, 7.000.000 ; Italie, 3.500.000 ; Norwège, 3.000.000 ; Danemark, 2.500.000 ; Portugal, 1.500.000 ; Australie, 1.500.000 ; Espagne, 1.000.000.

On arrive ainsi, sans compter les autres

pays, à un total annuel de 36 milliards 500 millions de kilogrammes.

Dans la région du Nord, le rendement à l'hectare est très variable suivant les espèces, la nature du sol, l'engrais et la méthode de culture.

Il ne doit jamais être inférieur à 200 hectolitres à l'hectare. Assez souvent il est de 250 hectolitres. Ce qui donne en poids 15 à 20,000 kilogr.

Mais les nouvelles variétés, cultivées avec soin, doivent donner des produits beaucoup plus considérables.

Ainsi, à la Ferme-Rouge, annexe de l'Institut agricole, nous avons fait les pesées consciencieusement, plusieurs années de suite, et, en grande culture, nous avons compté pour la *Red'Skinned*, l'*Institut de Beauvais*, la *Van der Veer*, la *Forster*, la *Champion*, la *Rouge de Bohême*, la *Brésée's*, et même la *Chardon*, toujours au-dessus de 23,000 kil. Quelques-unes de ces variétés ont dépassé 30 et 40,000 kil. à l'hectare.

Nous pourrions, dès lors, établir un compte de culture de pommes de terre, et prouver, par les chiffres, qu'avec ces rendements, c'est la plante qui, dans beaucoup de cas, doit donner le plus de bénéfice. C'est une denrée peu encombrante, de facile conservation, et qui a toujours un emploi assuré, soit pour la vente, ou l'alimentation de la ferme.

USAGES.

Parmi les plantes agricoles, la pomme de terre doit occuper un des premiers rangs pour ses nombreux usages, surtout dans l'alimentation de l'homme et des animaux.

La partie solide du tubercule étant surtout composée d'éléments hydrocarbonés, est moins nourrissante que le blé. Il faut environ 250 kilos de pommes de terre pour donner autant de substances alimentaires que 100 kilos de blé; 100 kilos de farine de ce dernier peuvent se remplacer par 126 kilos de farine ou fécule de pomme de terre. Il s'ensuit qu'un hectare planté avec une bonne variété de pommes de terre donnerait en substances nutritives deux et trois fois autant qu'ensemencé en blé. Associée à des aliments azotés : viande, œufs, pain, etc., elle coustitue une nourriture riche et saine. D'ailleurs, l'art culinaire a trouvé mille moyens de la préparer, de la transformer pour la rendre agréable au goût et salutaire aux estomacs les plus délicats.... Mais trop souvent le consommateur ne tient pas assez compte de l'époque de maturité. Comme les fruits, quelques variétés de pommes de terre, dites *hâtives* doivent être consommées les premières; puis viennent les *demi-hâtives* et les *tardives*. Les personnes qui font des confusions à cet égard mangent rarement de bonnes pommes de terre....

Ce précieux tubercule convient à toutes les espèces animales. Il est préférable de le faire cuire. Mélangé avec des menues pailles, du foin haché, des feuilles, il fait donner du lait aux vaches et les entretient, en même temps, dans un état d'embonpoint satisfaisant. Les bœufs d'engrais profitent bien avec cette nourriture et la viande a bon goût.

Mangé par les chevaux, il n'augmente pas leur énergie, mais leur donne bon poil et les engraisse. Il pourrait très bien convenir, ajouté comme complément, à la ration d'avoine.

Le porc est, sans contredit, l'animal qui utilise le mieux la pomme de terre. Mélangée avec de la farine de glands, de chataignes, de féverolles, etc., elle donne un lard ferme et une chair savoureuse.

Les animaux de basse-cour la mangent aussi bien volontiers quand elle est réduite en pâtée avec de la farine, du son, ou même des grains entiers de blé, d'avoine, de maïs, etc.

La pomme de terre est aussi une plante industrielle de grande valeur. On en extraie surtout la fécule, qui est ensuite livrée à la consommatton, ou tranformée en glucose, amidon. Les industries de ce genre sont nombreuses dans l'Oise, et nous sommes d'avis que, si quelques cultivateurs, qui possèdent des terres légères, dont le rapport est aujourd'hui bien minime, savaient planter ces terrains en bonnes variétés de pommes de terre, d'importantes féculeries pourraient encore s'installer et donner à leurs actionnaires et aux producteurs de sérieux bénéfices.

On peut aussi distiller la pomme de terre; le produit a un goût désagréable qu'il est difficile de faire disparaître; en Allemagne, d'énormes quantités sont travaillées pour en extraire l'alcool.

Les résidus ou pulpes de ces diverses industries peuvent être très bien utilisés pour le bétail, notamment pour le porc.

On les conserve facilement en fosse, comme celles de betteraves; cuites ou fermentées, et en mélange avec des substances azotées, elles valent tout autant, à poids égal, que le tubercule même.

Ennemis de la pomme de terre.

Les uns appartiennent au règne animal, d'autres au règne végétal.

Plaçons en première ligne la larve du hanneton, connue sous le nom de *ver blanc*; il coupe les tiges et les racines souterraines, et pénètre dans le tubercule lui-même. La *courtilière* (grillo talpa vulgaris) est un ennemi très redoutable. Dans les jardins elle ravage des plants entiers; elle creuse des galeries en suivant les lignes de pommes de terre et détruit tout ce qui est sur son passage. Souvent elle fait son nid dans le fumier pailleux et chaud que l'on enterre au moment de la plantation; sa progéniture rayonne ensuite de tous côtés et fait des dégâts considérables.

La larve du *Sphynx à tête de mort*, gros papillon de nuit, s'attaque aux feuilles, les ronge, les coupe, au détriment de la vigueur de la tige et du développement du tubercule.

Le *ver gris* mange surtout les tiges quand elles sont encore tendres et en détruit quelquefois un grand nombre.

Un coléoptère qui a fait de grands dégâts en Allemagne, il y a encore peu d'années, c'est le *Doryphora*; il ressemble à un petit hanneton. Son apparition en France a jeté un certain émoi. Heureusement il ne s'est guère propagé, et aujourd'hui il est encore à peine connu du cultivateur.

Signalons encore les *limaces* qui, dans les années humides, se multiplient beaucoup, déposent leur bave gluante sur les tiges et les feuilles et mangent même les tubercules.

Les *mille pieds* creusent aussi des trous dans les pommes de terre, s'y logent par centaines et continuent leur œuvre de destuction, jusqu'à ce qu'il ne reste plus que la pellicule.

Le travail fréquent de la terre, quelques substances corrosives, telles que: cendres, plâtres, chaux, etc., suffisent souvent pour faire disparaître ces ennemis.

Dans quelques contrées boisées le sanglier fait aussi de grands dégâts; le meilleur remède est évidemment la chasse. Mais des ennemis contre lesquels les études et les efforts des hommes ont été impuissants jusqu'à ce jour, occasionnent des ravages autrement sérieux. Ce sont des champignons microscopiques du genre *Botrytis* qui attaqnent, les uns les feuilles, les autres les tubercules, et quelques-uns les deux à la fois, et donnent les maladies connues sous les noms de *rouille* ou *frisolée*, *gangrène*, etc.

Les feuilles se dessèchent, se recoquillent et ne remplissent plus leur rôle dans la végétation; la plante s'étiole et tombe. Cette maladie, très fréquente en Angleterre, survient par suite de brusques changements dans la température, surtout après brouillard ou temps froid et pluvieux.

Quelquefois on voit apparaître sous l'épiderme du tubercule des petites tumeurs brunes, ressemblant aux boutons de vérole; c'est la *gale* de la pomme de terre; elle est très commune en Allemagne. Les variétés dégénérées, mal cultivées, revenant souvent à la même place, sont sujettes à cette maladie. Même après la cuisson et les meilleures préparations culinaires, la pomme de terre atteinte conserve un goût désagréable. Elle doit être rejetée pour l'alimentation de l'homme.

Mais la maladie proprement dite de la pomme de terre est connue sous le nom de *gangrène brune* ou *gangrène humide*. D'après les études les plus sérieuses des savants, elle est due à un champignon appelé *Peronospora infestans*, de la famille des *Hyphomycètes*; elles est caractérisée par des taches brunes qui apparaissent sur les feuilles et les tiges en pleine végétation, vers le mois de juillet. Elles s'étendent, et bientôt la tige tout entière se dessèche, noircit et tombe. Les tubercules ne tardent pas à être atteints, des taches brunâtres se font remarquer à leur surface et gagnent l'intérieur jusqu'au centre. Les parties gangrénées deviennent pierreuses; bientôt elles se ramollissent et communiquent la pourriture à tout le tubercule. On a attribué cette maladie à des causes très diverses : saisons humides et froides, retour trop fréquent de la pomme de terre à la même place, emploi immédiat de trop grandes quantités de fumier chaud, etc. Beaucoup de remèdes ont été indiqués : enlèvement des tiges aussitôt l'apparition de la maladie, emploi du soufre, de la chaux, du chlorure de sodium, du goudron, buttage; aucun n'a donné de sérieux résultats.

Cependant, elle devient plus rare depuis quelques années. Nous pensons qu'il faut l'attribuer à ce que le cultivateur renouvelle plus souvent sa semence. La pomme de terre, bien plus encore que d'autres plantes agricoles, dégénère rapidement. Il faut par le semis, par la sélection, par les soins de bonne culture, régénérer les variétés.

Tout en essayant ainsi de conjurer, dans la mesure de ses moyens, tous les fléaux destructeurs qui affligent notre pauvre agriculture, le cultivateur n'oubliera pas qu'il existe une Providence qui gouverne le monde selon qu'il le mérite, et que, toujours, le remède à la plupart de ces maux, est le retour franc, loyal et sincère, aux justes et faciles prescriptions de la loi de Dieu.

Telle est notre intime conviction; elle est partagée par tous les esprits droits et honnêtes.

XVIII.

Soins à donner aux Plantes hivernales au printemps.

Trop souvent le cultivateur abandonne aux soins de la Providence les plantes qu'il confie à la terre ; il oublie parfois cette maxime : *Aide-toi, le ciel t'aidera.*

Les pluies, les froids de l'hiver, ont pour effets de plaquer, de serrer certaines terres ensemencées, d'en soulever d'autres et de mettre les jeunes plantes, surtout les céréales, dans des conditions peu favorables à leur développement. Aux premiers beaux jours, les mauvaises herbes, les insectes envahissent les champs semés à l'automne et occasionnent de graves dommages.

Mais, si en février, mars et avril, avec la herse, on vient briser et diviser la croute superficielle du sol, on débarrasse les céréales d'une foule d'ennemis ; l'air et la chaleur pénètrent dans la terre et favorisent sa fécondité.

On doit généralement se servir de herses légères. Celle en zigs-zags, dite herse *articulée*, est une des meilleures. Dans le Nord, le Pas-de-Calais, l'Aisne, et dans plusieurs fermes de l'Oise, on emploie une herse rectangulaire, que l'ouvrier le moins habile peut construire à peu de frais. Les dents placées sur les deux grands côtés du rectangle et sur la barre médiane qui lui est parallèle, dépassent, d'un côté de 12 à 18 centimètres et de l'autre de 5 à 10. On peut donc s'en servir dans les deux sens, suivant les besoins.

Quand les céréales sont trop épaisses ou trop *drues*, le hersage doit être plus vigoureux ; alors quelques pieds sont détruits et permettent à leurs voisins de mieux se développer. Dans ce même but, quelques cultivateurs font passer le troupeau de moutons, afin de faire manger les feuilles et de retarder ainsi la végétation ; mais il ne faut pas oublier que la dent du mouton est meurtrière pour beaucoup de plantes, et en laissant séjourner plus longtemps qu'il ne le faut, on pourrait faire détruire une bonne partie de la récolte.

Après le hersage, on roule ; cette seconde opération écrase les mottes, rechausse les plantes, fait adhérer leurs racines au sol. Les agriculteurs qui mettent en pratique cet excellent mode de culture s'en trouvent fort bien ; ils savent avec quelle vigueur poussent alors des plantes qui étaient souffreteuses !..

Si avant ces divers travaux on appliquait aux céréales trop clair semées ou peu vigoureuses des engrais pulvérulents très assimilables, on donnerait, comme on dit, *un coup de fouet* à la végétation, et la récolte serait parfois doublée.

Les engrais qui conviennent à cette époque sont : le *sulfate d'ammoniaque*, le *phosphoguano*. On pourrait aussi en composer un qui conviendrait tout particulièrement : il devrait renfermer 5 à 6 pour 100 d'azote, 8 à 10 d'acide phosphorique. Il reviendrait de 25 à 30 fr. les 100 kilos, et 300 kilos suffiraient à l'hectare.

Nous connaissons un agriculteur éminent de l'Oise qui, ayant des blés trop forts et sujets à la verse, les faisait rouler quand ils commençaient à monter. Leur végétation herbacée était un peu retardée ; au moment de la maturité, les tiges supportaient parfaitement, sans fléchir, de gros et lourds épis.

Une excellente opération, trop peu

connue encore dans notre région, est le *sarclage* et *binage* des céréales. Pour la pratiquer, il faut évidemment que les plantes soient semées en lignes bien régulières. On vend aujourd'hui des instruments faits tout exprès. Nous en avons vu un très recommandable, au concours de Rouen ; il est de l'invention d'un agriculteur nommé *Brayé*, cultivateur aux Anthieux (Seine-Inférieure). Les houes Bajac, Amiot, Pelletier, etc., exécutent aussi très bien ces travaux, quand les socs ou les rasettes sont bien choisies et placées à la distance convenable.

On a constaté de très grandes différences dans les rendements entre les céréales sarclées, binées, et celles qui ne l'étaient pas.

Il est encore une série de plantes qui demandent quelques soins au printemps; nous voulons parler de celles qui composent les prairies temporaires. Les luzernes, les sainfoins, etc., sont souvent envahis par la mousse, le lierre terrestre, la trainasse, la Barkausie (plante à fleur jaune de la famille des composées), le pissenlit, les véroniques, etc., etc. Des hersages énergiques font disparaître un grand nombre de ces parasites de nos bonnes prairies artificielles.

Si, avant l'hiver, on a eu la bonne pensée de répandre sur les herbages, du fumier ou des composts, il est temps de *ploutrer*, de *herser* et de *rouler*, et au besoin, de ramasser les pierres, la paille, afin que rien ne gêne la végétation, le pâturage ou le fauchage.

Si le trèfle incarnat a souffert des rigueurs de l'hiver, s'il est trop clair semé par places, on peut y mettre du seigle de mars et répandre sur le tout, du plâtre, des cendres, de la chaux, des engrais pulvérents, toutes substances capables de donner de la vigueur à la plante et de la débarrasser d'une foule d'ennemis qui la détruisent au printemps.

Les végétaux ligneux ne doivent pas être négligés. Il est très bon, en mars et avril, de chauler les tiges des arbres fruitiers, surtout de ceux qui ont l'écorce épaisse, écailleuse. Il suffit pour cela de faire éteindre de la chaux dans un baquet où on a mis de l'urine fraîche; on peut y ajouter un peu de colle. Avec un mauvais balais en crin, on badigeonne ensuite les troncs des pommiers, poiriers, etc. Des milliers d'insectes et leurs œufs, des mousses, des lichens, sont détruits. Il faut aussi enlever les guis et autres parasites qui nuisent beaucoup à nos arbres fruitiers. L'élagage est quelquefois bien négligé par les cultivateurs. Ils conservent des arbres touffus dans lesquels l'air et la lumière pénètrent difficilement; alors ils ne donnent des fruits que sur le pourtour.

C'est aussi le moment de greffer les jeunes sujets. Les lumineuses leçons de notre excellent professeur, M. Delaville, apprennent aux intéressés les moyens simples et vraiment pratiques de réussir dans ces délicates opérations et nous dispensent de nous étendre sur cet intéressant sujet.

XIX.

Excursion Agricole aux Polders de l'Ouest.

Après quelques jours de sérieuses études au remarquable concours régional agricole de Rouen, nous avons voulu profiter de la gracieuse et pressante invitation de M. Alphonse Maridor, aux maîtres et aux Elèves de l'Institut agricole, d'aller visiter les magnifiques exploitations agricoles de la compagnie des Polders de l'Ouest dont il est l'éminent Directeur.

Le cher frère Eugène et M. Gossin, retenus pour des motifs graves, indépendants de leur volonté, n'ont pu prendre part à l'excursion; nous avons regretté leur absence.

L'aimable secrétaire de la société de nos anciens élèves, M. Symphor. Crépeaux, qui par toutes les qualités du cœur et de l'esprit fait honneur à notre chère école de Beauvais, avait bien voulu se mettre à notre disposition et nous servir de guide à travers la belle et fertile Normandie.

Le samedi 13 juin 1884 notre petite caravane composée de sept personnes, quittait Rouen et prenait la direction du Hâvre.

Ce premier parcours, tantôt à travers une plantureuse et riche vallée dont les gras pâturages portent de nombreux animaux; tantôt longeant des côteaux boisés, ou couverts de riches moissons, était d'heureux augure pour le reste du voyage.

Nous ne dirons que peu de chose du côté purement agréable de notre excursion, nous ne lui donnerons que le second rang; nous voulons l'utile avant l'agréable.

Un séjour de quelques heures au Hâvre nous a permis d'admirer ses immenses bassins fréquentés par des vaisseaux de toutes dimensions, depuis les grands transatlantiques jusqu'à la plus légère embarcation.

La jetée, le port, les docks tout annonce une ville maritime commerçante de premier ordre.

La traversée du Hâvre à Caen a été charmante et riche en douces émotions, en utiles enseignements. Le temps était beau; la mer d'un calme parfait. Les légères vagues avant de se briser contre notre élégant paquebot, nous renvoyaient les rayons d'un soleil ardent tempérés par une légère brise du nord-ouest. Bientôt nous entrons dans l'Orne et pendant une heure nous pouvons remarquer à droite et à gauche les immenses prairies où pâturent chevaux, vaches et bœufs. Rien ne pouvait offrir un plus grand intérêt à de jeunes agriculteurs.

Là, déjà nous avons pu juger de l'importance de la production animale de la contrée qui devait faire l'objet de nos études.

Nous arrivons à Caen; il serait superflu de décrire ici, le port, les magnifiques boulevards, le champ de course, les monuments civils et religieux, les nombreux souvenirs historiques et mille autres objets intéressants pour des touristes amateurs; nous aimons mieux, jeter un coup d'œil sur l'immense plaine et les magnifiques cultures de colza, de blé et autres précieuses denrées agricoles exploitées autour de cette grande ville.

Quelques heures passées à Lucq suffisent pour nous convaincre que si la plage est étendue et présente un coup d'œil charmant aux visiteurs et aux baigneurs, les environs offrent peu de ressources à un agriculteur qui recherche

BIBLIOTHÈQUE NATIONALE R.F. IMPRIMÉS

avant tout un sol riche et fécond. Sur un parcours assez grand les falaises que la mer dégrade constamment sont de l'étage Bathonien et après une courte promenade en mer nous recueillons de nombreux échantillons de TÉRÉBRATULA DIGONA et CARDIUM, RHINCONELLA, etc. que nous rapportons avec soin pour augmenter nos collections géologiques.

Le lendemain matin nous prenons la direction de Bayeux. Ici l'aspect change; la production et l'élevage des espèces chevaline et bovine se pratiquent sur une immense échelle. Il n'est pas une langue de terre qui ne porte plusieurs vaches, bœufs et chevaux, pâturant au piquet. Nous avons compris la prodigieuse quantité de bétail que peut fournir au commerce cette riche contrée et nous ne serons plus étonnés quand nous entendrons répéter que la Normandie alimente sans cesse les grands marchés fréquentés non seulement par des acheteurs français mais aussi par des étrangers qui enlèvent trop souvent les meilleurs types.

Nous arrivons enfin au but principal de notre excursion. Nous descendons à Isigny. Nous sommes tout d'abord désappointés, nous pensions trouver là une ville charmante, située sur le penchant d'une colline exposée au soleil levant et offrant un de ces panoramas splendides que l'imagination se plaît à créer. Pas du tout; c'est un modeste village construit sur la route de Paris à Cherbourg. Il compte à peine, 2050 habitants, et sert d'entrepôt au beurre si renommé des environs. Son cidre jouit aussi d'une bonne réputation; mais c'est à peine si nous avons eu le temps de le constater. Quoi qu'il en soit, il est facile de voir que l'aisance règne chez l'habitant. Les riches pâturages qui entourent Isigny sont une immense ressource pour beaucoup d'entre eux, et malgré le prix élevé des locations, le cultivateur intelligent fait encore de gros bénéfices.

Les débouchés par la mer et par le chemin de fer sont commodes et permettent de transporter au loin les riches produits du sol.

Non loin d'Isigny, du côté de la mer, s'étendent de vastes terrains nouvellement conquis sur les eaux et enfermés dans la baie des VEYS. Mille hectares en effet ont été soustraits à l'action des plus fortes marées, au moyen d'immenses digues; ce qui leur a fait donner le nom de POLDERS DE L'OUEST.

Un petit cours d'eau, l'Aure, dont les deux bras après avoir parcouru les riches prairies des environs se joignent à Isigny, se jette, près de là, dans la VIRE qui elle même après avoir traversé la baie des VEYS se perd dans la mer.

Les ravages incessants de ces deux cours d'eau obligèrent l'Etat en 1840, à les canaliser; l'opération a été longue et coûteuse, mais elle a été couronnée d'un plein succès.

En 1856 se forme une Société anonyme, composée d'hommes éminents. Elle obtient de l'Etat une concession de 3,000 hectares, tant dans la baie des VEYS que dans celle du MONT SAINT-MICHEL, dont nous parlerons dans la suite. Elle prend alors le nom de COMPAGNIE DES POLDERS DE L'OUEST. Grâce à l'intelligence et à l'habileté pratique de son CONSEIL D'ADMINISTRATION et de son heureux choix dans les hommes de la direction et de la surveillance des travaux, les plus grandes difficultés sont vaincues. Elle ne recule devant aucun sacrifice pour soustraire définitivement à la mer et pour mettre progressivement en culture cette immense étendue de terrains concédés. De grands travaux de canalisation et d'endiguement sont entrepris et conduits à bonne fin; d'autres se continuent encore de nos jours avec un plein succès. Nous avons été témoins de la confection d'une de ces digues gigantesques d'une longueur de plusieurs kilomètres. Nous ne la décrirons pas; nos jeunes amis, MM. CRÉPEAUX frères l'ont fait en des termes clairs et précis dans leurs rapports insérés au Bulletin de la Société des Anciens Elèves. Sur 1,000 hectares conquis dans la baie des Veys, plus de 600 sont aujourd'hui en plein rapport.

On reconnaît qu'une étendue de grève est bonne à conquérir quand elle a atteint une certaine élévation au-dessus du niveau des marées ordinaires et quand elle se couvre naturellement de plantes marines, telles que, SOUDE, CRISTE, HERBU (poa aquatica), *betterave sauvage* etc. Après avoir endigué l'espace à conquérir, on procède à son nivellement, s'il en est besoin. On baisse ensuite le niveau des eaux stagnantes de la couche végétale par des fossés de 2^m 80 de largeur, de 1^m à 1^m 50 de profondeur, creusés parallellement et aboutissant à un grand collecteur qui se dirige dans la VIRE.

Ces alluvions de la baie des VEYS sont de nature argileuse de couleur violacée; ils sont très compacts, impénétrables à l'air; ils conservent toujours une certaine humidité stagnante. Pendant l'été ils durcissent, se crevassent; de sorte qu'en toute saison leur culture est difficile et coûteuse. Aussi après les avoir assainis, aérés pendant deux ou trois ans par un travail énergique, on profite de leur aptitude naturelle à s'enherber; on y répand quelques graines de plantes appropriées au terrain, et par le pâturage constant on arrive en quelques années à créer des prairies de bonne qualité.

La plus grande partie des terrains des premières conquêtes ont été vendus ou loués à des agriculteurs qui n'ont pas lieu de se repentir de les avoir achetés; le reste est sous la direction d'un régisseur de la compagnie, en attendant des locataires ou des acquéreurs.

Nous avons vu là un bon choix de vaches laitières pour la spéculation du beurre d'Isigny. Un certain nombre de veaux reçoivent les résidus et sont vendus à trois mois pour la boucherie. Quelques juments poulinières, une vingtaine de poulains et de pouliches de différents âges pâturaient en compagnie de vaches et de bœufs à l'engrais dans un vaste enclos de 20 hectares. Quelques bons chevaux de culture et un certain nombre de porcs normands complètent le capital vivant de cette exploitation. Les nouveaux bâtiments de la ferme construits près du Fanal, par le Directeur des travaux, nous paraissent réunir toutes les conditions hygiéniques avec la solidité et la commodité.

Amateurs et quelque peu connaisseurs en chevaux nous n'avons pas voulu quitter Isigny sans aller rendre une courte visite à la station d'étalons. Bien nous en a pris; car nous avons vu là une installation parfaite et des types de bons reproducteurs. Dailleurs nous avions remarqué dans les environs quelques-uns de leurs produits. Nous en concluons que M. le directeur du dépôt de Saint-Lô sait approprier les chevaux de son haras aux ressources des localités.

Il est certain, pour nous, que la production et l'élevage du cheval, déjà en très bonne voie dans cette contré, doivent progresser, surtout sur les polders. Son pâturage ne peut que favoriser l'amélioration des prairies nouvellement créées, et dans lesquelles les herbes vigoureuses et un peu dures prennent d'abord le dessus. Nous croyons que cette espèce de bétail sera aussi rénumératrice que l'espèce bovine. Le mieux sera de combiner les deux spéculations; les inconvénients de l'une seront compensés par les avantages de l'autre.

Le soir du même jour nous allons coucher à Coutances, et le lendemain de très bonne heure nous prenons la direction de PONTORSON.

Nous sommes accueillis avec le plus cordial empressement tant par M. Maridor que par ceux qu'il s'est adjoint pour l'aider dans la tâche laborieuse qui lui incombe.

C'est dans la baie du MONT SAINT-MICHEL que nous avons surtout à étudier les intéressantes et utiles entreprises agricoles de la COMPAGNIE DES POLDERS DE L'OUEST sur la plus grande partie de la concession.

Depuis 1856 elle possède en effet, dans cette contrée 2,800 hectares. Cette immense étendue est limitée à l'Ouest par la grande digue du marais de Dol à Sainte Anne, au nord et à l'est par la digue du mont Saint-Michel et le territoire de Pontorson. Plusieurs centaines d'hectares ne sont pas encore conquis sur la mer.

Les traditions anciennes apprennent qu'avec une vigoureuse et puissante végétation forestière des villages bien peuplés ont occupé jadis cette vaste plaine. Vers le VIIIe siècle par suite d'une grande marée, il s'opéra un affaissement tel que les eaux de la mer purent envahir ce terrain et détruire tout ce qui était à sa surface. Des débris trouvés en différents points ne permettent pas de douter de ce cataclysme. Depuis, des dépôts terreux amenés par les eaux de la mer et des rivières qui aboutissent en cet endroit ont exhaussé le terrain qui a ainsi lentement reparu au-dessus du niveau des marées ordinaires. Leur composition est bien différente de celle des terres de la baie des VEYS à Isigny. Elle est de la nature des terrains corrosés et entraînés par les vagues de la mer et les cours d'eau du voisinage : d'un côté, des schistes, des bancs de calcaire coquiller, s'étendant de la baie de Cancale à Granville ; de l'autre, des sables et des limons plus ou moins fins et de composition assez complexe. Le tout constitue un sol friable de couleur blanc violacé, connu sous le nom de TANGUE. Elle est plus tenue à mesure qu'elle s'élève à la surface. Le carbonate de chaux y entre pour une forte proportion, 30 à 40 0/0 ; il y a beaucoup de débris schisteux impalpables, quelques sulfates alcalins, de l'acide phosphorique et une notable proportion de chlorure de sodium qui disparaît en partie au bout de quelques années de culture par suite du lavage des eaux pluviales qui le dissolvent.

Tous ces éléments bien proportionnés constitueront des terres de première qualité quand on y joindra une certaine quantité d'humus. Dès que ces terrains ont atteint un certain niveau et ne peuvent être submergés que par les grandes marées des équinoxes, ils se couvrent, comme à Isigny, mais plus lentement, d'une végétation fort simple ; d'abord la CRISTE MARINE (salicornia herbacea), plante annuelle qui se reproduit de graine à chaque printemps ; puis le POA AQUATICA, graminée fine et rustique qui finit par couvrir le sol et fournit, pendant une partie de l'année, une nourriture économique utilisée par de grands troupeaux de moutons de petite taille dont la viande acquiert la qualité de ceux des PRÉS SALÉS. C'est alors seulement que l'on endigue ces terres pour les soumettre à la culture.

Avant la concession de 1856 des essais nombreux avaient été faits pour enclore une certaine étendue de ces terrains ; mais le COUESNON, cours d'eau qui les traversait, se déplaçant périodiquement, entraînait les digues les plus coûteuses, les plus résistantes. La première préoccupation de la COMPAGNIE fut de donner un lit constant à cette rivière vagabonde et dévastatrice. Après des difficultés inouïes et une dépense de près de un million le cours du COUESNON fut enfin limité. Dès lors les travaux d'endiguement ont résisté à tous les assauts et plusieurs milliers d'hectares sont en plein rapport.

Des corps de ferme installés suivant les méthodes les plus rationnelles et les plus économiques sont distribués dans cette immense plaine et reliés entre eux par des chemins spacieux qui s'améliorent de jour en jour. Les constructions en pierres schisteuses ou granitiques sont spacieuses, régulières et orientées de manière que les vents violents de la mer n'aient que peu de prise. Pour avoir de l'eau potable on recueille celles des toits dans d'immenses citernes en pierre et ciment.

Quelques-uns de ces domaines sont loués plus de cent francs l'hectare à des fermiers d'un mérite incontestable puisqu'ils obtiennent des résultats magnifiques sur ces terres jadis incultes. Nous avons visité l'un des plus anciens ; il cultive la ferme dite des *Quatre Salines* d'une contenance de 260 hectares. Chevalier de la légion d'honneur, membre de la société nationale d'agriculture, M. TOUZARD, par des connaissances puisées à bonne école, par un courage à toute épreuve, par un travail opiniâtre et persévérant est arrivé au premier rang des agriculteurs de la contrée. Nous avons vu chez lui des blés de Bordeaux remarquables et nous ne sommes plus étonnés de trouver dans les comptes-rendus des rendements de 40 hectolitres à l'hectare. Une aspergerie de 50 hectares est en plein rapport depuis plusieurs années; de grandes étendues de porte-graines de choux, radis, rutabagas, betteraves, etc.; la culture la plus intensive appliquée au moyen de méthodes, d'instruments les plus en rapport avec la situation économique; l'organisation et la bonne direction de la main d'œuvre, tout dénote un agronome éminent qui était bien digne des hautes distinctions dont il a été honoré. Là autour de bâtiments, qui vont être améliorés nous avons joui de tous les agréments d'un jardin dont les fruits et les légumes ne laissent que peu de place à quelques fleurs aux couleurs les plus variées et au parfum le plus suave.

Non loin de là, dans la ferme BLOUNT un autre agriculteur moins ancien, mais dont les débuts annoncent de sérieuses connaissances et une grande habilité pratique M. Henri MAGNY, cultive plus de 150 hectares en y comprenant la petite ferme Sainte Anne. Nous avons admiré à l'exploitation BLOUNT le plus beau champ de colza que l'on puisse imaginer. C'était la variété dite PARAPLUIE; la plupart des pieds avaient plus de deux mètres de hauteur. Ils ont certainement fourni une quantité de graine considérable. Le bétail est bien choisi, bien entretenu. Une jolie maison d'habitation terminera le cadre des vastes bâtiments déjà construits, et contribuera à l'agrément et au bien-être d'un jeune ménage plein d'espoir dans un heureux avenir! C'est notre vœu très sincère.

Là aussi dans la baie Saint-Michel les terres non louées sont confiées à un régisseur qui a fixé son séjour dans la moyenne exploitation, celle de COTTERETS d'une contenance de 28 hectares. La ferme de MOSELMAN distante de deux kilomètres compte 96 hectares 20 et celle de MOIDREY qui est à sept kilomètres ne comprend que 16 hectares 80.

M. LELASSEUX fait donc valoir pour le compte de la Compagnie 141 hectares. Elle ne pouvait confier la direction de ces trois domaines à plus entendu et nous devons dire à plus passionné pour l'art agricole. Les théories économiques, les plus sages sont appliquées là avec une rare intelligence et un esprit de suite capables d'amener promptement aux meilleurs résultats. Les terres sont bien assolées; les cultures faites avec tout le soin désirable. Obtenir des nourritures abondantes et économiques tel est le but poursuivi par l'habile régisseur. Déjà on peut compter environ 120 têtes de bétail nourries sur les 141 hectares et pourtant 60 hectares sont encore emblavés en blés, avoines et orges. Les animaux de l'espèce bovine comprennent 35 vaches laitières, 35 génisses ou jeunes bœufs et un taureau. Le choix et l'entretien de toutes ces bêtes font le plus grand honneur à M. Lelasseux.

Là comme chez MM. Touzard et Magny l'écurie est montée en chevaux de race bretonne. Sobre, rustique et vigoureuse elle est très apte à rendre les services variés et pénibles qui lui sont demandés.

Quelques herbages sont récemment créés; ils ont déjà dépassé les espérances fondées sur eux. Les résultats obtenus sont des indices et des encouragements pour entrer dans cette voie amélioratrice. Ainsi le sol sera assaini plus promptement; il s'enrichira en humus, de lui-même, par sa propre végétation et les nombreux animaux qu'il pourra nourrir seront des mines d'or pour les exploitants.

Ancien élève brillant de Grignon, M. Lelasseux fait honneur à son école sous tous rapports. Il deviendra l'émule de M. Touzard et si les mêmes distinctions ne viennent pas récompenser son mérite, il s'en consolera par la pensée qu'en travaillant à faire progresser l'agriculture, il a travaillé à la prospérité de la France!

Nous avons retrouvé là nos jeunes stagiaires de Beauvais. Ne sont-ils pas à bonne école? Où pourraient-ils avoir des champs d'expérience aussi variés et aussi vastes? Où pourraient-ils puiser à meilleure source cet enseignement théorique et pratique qui leur est distribué avec tant de générosité, de dévouement et de sympathie? Aussi le soir de ce même jour, dans une réunion intime présidée par M. le Directeur de la Compagnie et à laquelle étaient conviés tous ceux qui ont bien voulu accueillir les excursionnistes, l'un de nous a remercié, au nom de tous, M. Maridor et ceux qui, à un titre quelconque dépendent de son administration et sont heureux de lui donner un concours efficace et sympathique.

Nous avons été heureux de cimenter l'union entre les écoles de Grignon, Grand-jouan et la nôtre. Ce sont en effet des sœurs et non des rivales. Pour nous, l'agriculture n'a d'autre drapeau que celui qui symbolise le mieux le travail et le courage chrétien : la CROIX et la CHARRUE. La charrue pour creuser courageusement son sillon et la croix pour le bénir. Sous cette bannière, les cœurs doivent toujours battre à l'unisson.

Le lendemain, de bonne heure, nous continuons nos visites par les fermes de Moidrey, de Moselman et de Dailly. Partout nous avons sous les yeux la preuve évidente de la grande fertilité de ces terrains nouvellement conquis. Dans ces dernières exploitations les bâtiments sont en bois goudronné. Quand ils seront hors de service, on les remplacera par des constructions en pierre.

Ceux qui seraient tentés de reprocher à la Compagnie des Polders de l'Ouest de n'avoir pas assez fait pour le coup d'œil et l'agrément, oublieraient qu'elle doit rendre compte des capitaux qui lui sont confiés et qu'elle ne peut les compromettre dans des opérations hasardeuses et puériles.

Elle préfère employer les ressources dont elle dispose à des transformations, à des améliorations sûres et qui donnent des intérêts. Dans toute la baie, elle a mis en évidence ce principe que trop d'agriculteurs oublient de nos jours : d'abord l'INDISPENSABLE, le NÉCESSAIRE, l'UTILE, le LUCRATIF puis l'AGRÉABLE.

Cependant elle veut aussi embellir la situation de ses fermiers et de ses régisseurs. Déjà les routes se bordent de grands arbres ; les talus des chemins et des enclos se couvrent de haies qui serviront de clôture et d'abri aux plantes cultivées et aux animaux qui pâtureront bientôt librement sur les herbages qui commencent à se créer. Près des fermes, des plantations de pommiers et autres arbres fruitiers constitueront de véritables vergers. Des jardins, où les fleurs, les fruits et les légumes abonderont se créent près des maisons d'habitation.

Quelques essences très rustiques et de prompte venue, telles que : orme, pin maritime et des épiceas, pourront être plantés du côté de la mer afin de rompre les vents violents qui parfois font beaucoup de dégâts.

Ainsi s'assainira, s'enrichira et s'embellira une contrée à sol déjà fécond, mais dont l'aspect, à certaines époques de l'année, doit être assez monotone. L'homme des champs a besoin de ces agréments, de ces jouissances que la nature vivante lui offre si généreusement. Il s'attache non seulement à sa maison, à son champ, à son cheval, à son bœuf..... ; mais encore aux quelques fleurs, aux légumes que ses mains ont plantés et arrosés ; il aime à s'asseoir sous l'arbre touffu qu'il a élevé et qui lui donne son ombrage et son fruit !...

Nous étions trop près du mont Saint-Michel pour ne pas être tentés d'y porter nos pas. L'agriculteur, accoutumé aux splendeurs de la nature animée est un peu artiste et ne dédaigne nullement l'occasion d'étudier, d'admirer les merveilles de l'art, alliées à celles de la nature.

Quelques-uns des plus hardis, (ce sont naturellement les plus jeunes), prennent la ligne droite et à travers la grève et le Couesnon arrivent en moins d'une heure aux pieds du mont. Les autres profitent des voitures mises gracieusement à la disposition des excursionnistes. Nous arrivons par la route et la chaussée qui longent le cours du Couesnon et relient Pontorson au mont Saint-Michel.

Il y a des choses qu'il faut voir pour s'en rendre compte; la plus jolie description pâlit devant la réalité!.... Ce serait d'ailleurs téméraire de notre part de vouloir décrire complètement et faire ressortir toutes les beautés de ce lieu enchanteur, si fréquenté par les touristes et sur lequel s'est exercé tant de fois le talent de plus d'un écrivain célèbre!.....

Situé à 16 kilomètres sud-ouest d'Avranches, le mont Saint-Michel est un rocher élevé aux pieds duquel est une bourgade entourée de fortifications dont l'océan vient battre les remparts à la haute marée.

Sur le sommet du rocher est un château dominé par une antique église gothique dont la flèche qui la surmonte est à 400 pieds d'élévation au-dessus de la grève.

Relater tous les hauts faits d'armes, tous les grands personnages qui ont illustré ce lieu, demanderait un volume...

Plusieurs fois attaqué, pris et repris dans diverses guerres entre Français, Anglais et autres peuples; devenu prison d'Etat sous Louis XIV, maison de réclusion en 1811, le mont Saint-Michel reste aujourd'hui un monument historique, célèbre, un objet d'art et de curiosité que l'on restaure dans la forme et le style des plus beaux temps de son histoire, afin que le voyageur et l'artiste croyants, se souviennent que là, jadis la France chrétienne a compté des héros et des saints.

Après avoir visité la salle des Chevaliers, où Louis XI institua l'ordre de Saint Michel, nous sommes parvenus au point culminant. Favorisés par un temps magnifique, de là notre vue s'étend au loin sur l'immense baie et les côtes qui la limitent. C'est un panorama ravissant, éclairé par les rayons d'or d'un beau soleil de juin!..... On ne peut s'empêcher de lever les yeux vers le ciel pour adorer et bénir Celui qui a semé pour nous, sur ce point de notre globe, tant de splendeurs!

On était bien disposé ensuite à faire honneur au déjeuner préparé à l'hôtel principal du Mont; on n'a même pas oublié la traditionnelle Omelette Poulard, qui au dire de tous les consommateurs, est excellente.....

Ce même jour nous rentrons à Pontorson pour nos préparatifs de départ. Avant de prendre congé de nos aimables hôtes, nous voulons leur témoigner à tous notre vive gratitude pour leur bon accueil et l'empressement avec lequel ils ont mis tout en œuvre, pour nous instruire et nous être agréables pendant ces deux jours trop tôt écoulés.

Nous quittons à regrets cette contrée si féconde en utiles enseignements et nous nous estimons heureux d'avoir pu étudier une entreprise agricole et patriotique en pleine voie de prospérité, grâce à l'habile direction d'une compagnie qui compte un si grand nombre d'hommes éminents; il suffit de citer : MM. Blount, Dailly, André, Belmontel, Camus, Prétavoine, Saint-Paul de Sinçay, Teigny, Teisserenc de Bort, Maridor. Nous les prions d'agréer l'hommage de notre profonde reconnaissance pour les nombreux témoignages de sympathie qu'ils ont bien voulu donner à notre chère école de Beauvais, notamment en acceptant comme stagiaires des jeunes gens qui nous sont unis par les liens de la plus étroite et de la plus sincère amitié.

Nous nous serions reproché amèrement plus tard d'avoir abordé aux côtes nord de la Bretagne sans aller jusqu'à Saint-Malô. Aussi, sans beaucoup hésiter, nous prenons cette direction. Nous arrivons encore de bonne heure pour le soir; nous descendons par hasard à l'hôtel Chateaubriand. Pouvions-nous trouver mieux?...

Nos appartements donnaient sur la pleine mer!... En face de nous les rochers si célèbres qui émergent au milieu des flots!... Depuis des siècles ils sont battus par la vague et ils restent debout!... obstacles invincibles contre toutes les incursions ennemies du côté de la mer!... Sur l'un d'eux, plus élevé et un peu plus éloigné des remparts se dresse une croix... Là repose Chateaubriand, une des gloires poétiques et religieuses de la Bretagne. Les flots qui viennent se briser et gémir à ses pieds redisent sa gloire immortelle!.

Bientôt nous gravissons lentement quelques-uns de ces rochers tout en recherchant quelques souvenirs marins que nous aimerons à revoir un jour. A la nuit tombante nous nous dirigeons vers la jetée.

A la lumière éclatante des phares on frémit à la vue des écueils et des récifs qui bordent l'entrée du port; hélas de combien de naufrages n'ont-ils pas été la cause?...

Le lendemain matin nous prenions le train direct sur Paris. Durant ce long parcours, les remarques s'entrecroisent sur ce qui frappe notre vue. Rennes, le Mans, Chartres, Versailles éveillent notre curiosité et nos souvenirs historiques. Nous voici à Paris. Nous traversons rapidement la bruyante capitale pour rentrer dans le calme de notre solitude et reprendre le cours ordinaire de nos études interrompues par ces quelques jours si bien remplis et qui ne nous laisseront que d'utiles et agréables souvenirs.

XX.

Les Œufs

Les œufs sont un des produits les plus importants et les plus précieux de la basse-cour. Leurs usages sont journaliers dans la ferme et dans presque tous les ménages. Nous n'entreprendrons pas de décrire ici toutes les préparations culinaires auxquelles se prêtent les œufs; ce n'est guère de notre compétence; les avis de la plus incapable ménagère pour dire comment on obtient les œufs à la *coque*, au *beurre noir*, les *œufs brouillés*, les *œufs à la neige*, les *œufs en flan*, les *œufs en salade*, les œufs en *omelette*, etc., etc., auraient plus de valeur que les nôtres.

L'œuf est un aliment des plus complets; le poussin, au sortir de sa coque, est un être parfait; il a trouvé, dans sa petite prison, toutes les substances nécessaires à sa formation et à l'entretien de sa vie.

L'œuf se compose de trois parties principales : la coquille, le blanc et le jaune. La *coquille* ou *coque* est l'enveloppe externe destinée à le contenir et à le conserver.

Les estomacs difficiles, fatigués, délabrés, doivent chercher là, sous un petit volume, une nourriture légère, et fortifiante.

La coquille renferme :

90 °/₀ de carbonate de chaux.

6 °/₀ de phosphate de chaux et de magnésie.

4 °/₀ de matières animales diverses, avec un peu de soufre.

Le *blanc* est une dissolution d'albumine et d'un peu de sucre et d'eau.

Le *jaune* renferme, pour 100, en poids :

15,7 de vitelline et de matières albuminoïdes.

30,8 de corps gras divers.

1,2 de principes azotés.

1,3 de sels minéraux.

51 d'eau.

Les œufs rendent aussi d'importants services dans la médecine, dans les arts et dans l'industrie. Le jaune délayé dans un mélange de lait et d'eau sucrée donne ce qu'on appelle un *lait de poule*, aliment très léger, très nourrissant. Le blanc d'œuf est ordinairement employé dans la préparation des collyres et pour clarifier les sirops et les liqueurs vineuses.

Aussi la consommation des œufs en France est très considérable; les statistiques accusent le chiffre de 400 millions de francs. L'exportation de ce produit augmente toujours; nous envoyons surtout des œufs en Angleterre, en Russie, etc. En 1875 ce chiffre s'élevait à 46 millions et demi de francs; aujourd'hui il dépasse 50 millions.

Les œufs de poule sont les plus estimés pour la consommation en nature. Ceux de canard, d'oie, de dinde, sont moins délicats; généralement ils sont employés dans la fabrication de la pâtisserie ou à des usages industriels. Tous nos lecteurs savent distinguer les œufs des différentes espèces gallines, par la forme, la grosseur et la couleur. Ceux des poules sont généralement blancs ou jaunâtres suivant les races. Leur grosseur est assez variable, elle n'est pas en rapport avec le volume de la pondeuse. Les grosses poules *Cochinchinoises* ne donnent que de petits œufs, tandis que les *Gournays*, les *Espagnols*, les *Houdans*, etc., en donnent de gros. Nous avons eu la curiosité d'en peser un certain nombre et nous avons trouvé les chiffres suivants : 68 grammes, 56 g., 52 g., 50 g., 48 g. Nous avons cherché le poids des œufs de canards (ils sont allongés, verts) et nous avons constaté de moindres différences ; la moyenne nous a donné 83 grammes. Ceux d'oie sont les plus gros et les plus lourds, leur coque est rugueuse, épaisse. Nous avons trouvé 160 à 170 grammes. Ceux de dinde sont moins allongés, piquetés de gris, leur poids dépasse toujours 80 grammes. En vieillissant les œufs diminuent considérablement de poids. La qualité des œufs livrés à la consommation dépend beaucoup de la nourriture, de la race et des soins hygiéniques donnés aux volailles.

Les poules nourries au grain, à la pâtée fournissent des œufs délicats. L'orge fonce la couleur du jaune et lui donne un arôme agréable. Les vers, les hannetons, les viandes cuites ou hachées communiquent aux œufs un goût particulier et peu recherché des amateurs et des gourmets.

L'âge influe aussi sur leur qualité. Les meilleurs, toutes choses égales d'ailleurs, sont ceux qui sont frais pondus. Beaucoup de personnes sont trompées à cet égard. Cependant certains signes dénotent fort bien l'âge probable des œufs. Ceux qui sont vieux ont ce qu'on appelle communément la *chambre d'air* plus grande que les jeunes. Leur transparence est beaucoup moins sensible ; leur densité est moins grande par rapport au volume. En approchant du feu ceux qui sont frais, on voit apparaître à leur surface de toutes petites gouttelettes de sueur qui perlent sur la coque. Les autres n'offrent pas ce caractère, à moins qu'on ne les ait conservés dans l'eau ; alors on aperçoit ce liquide dans la chambre d'air et ils suent *très abondamment* à l'approche du feu. Les œufs vieux sont fades ; le blanc est de couleur bleuâtre et ne se coagule pas franchement par la cuisson.

On prétend aussi que ceux qui ne sont pas fécondés se conservent mieux et ont toujours un parfum plus agréable. Mais les mâles dans une basse-cour, par la fécondation, portent les volailles à pondre, et la différence des œufs obtenus est souvent d'un tiers en plus.

Il ne faut pas exagérer leur nombre ; très souvent, dans certaines espèces, notamment dans les oies, les jars trop nombreux se querellent mutuellement et trop souvent les œufs que l'on soumet à l'incubation ne sont pas fécondés. Un seul mâle suffit largement pour huit à dix femelles.

Les bonnes fermières savent toutes que les animaux de basse-cour pondent abondamment au printemps et pendant l'été ; mais très peu en hiver. Elles n'ignorent sans doute pas non plus qu'on peut exciter cette ponte et l'obtenir à toutes les époques de l'année. Il suffit de mettre les volailles dans des appartements chauffés, et de leur donner des nourritures qui agissent activement sur les tissus adipeux : graines de chenevis, millet, blé, etc. Voici un procédé recommandé par des praticiens : On fait sécher au four, à une chaleur de 35 à 40 degrés, des écorces de graines de lin ; puis on les met dans un moulin à café, ou bien on les broie avec un pilon, de manière à en obtenir une sorte de farine grossière ; et on fait bouillir cette farine dans une quantité d'eau suffisante pour la bien délayer ; on ajoute de la farine de gland et du son de froment Il faut même poids de chacune de ces trois substances, que l'on pétrit ensemble afin d'en former une pâte assez ferme pour permettre d'en faire de petites boules de la grosseur d'une fève. Ces boulettes sont données en nourriture aux poules, qui doivent être tenues chaudement pendant l'hiver. En excitant ainsi une ponte trop abondante, les œufs n'ont quelquefois pas de coquille, ou possèdent un double jaune. Il est bon alors d'ajouter à la nourriture ordinaire des substances riches en calcaire : marne pilée, oseille, etc.

Les œufs étant rares à certaines époques on a dû chercher les moyens de les conserver quand on les a en abondance et qu'ils sont bon marché. On doit généralement prendre ceux qui sont pondus dans les mois de juillet et août. Les procédés de conservation consistent à éviter tout ce qui peut déterminer le développement ou la mort du germe; pour cela, il faut les envelopper de substances qui empêchent la pénétration de l'air chaud à travers la coquille. Le sucre concassé réduit en poudre, le sel gemme bien sec, mis dans des caisses entre les rangées d'œufs, suffisent. Souvent même on se contente de les entourer de menue paille, de son, de sciure de bois. Ces mêmes procédés sont très utiles pour les emballages, quand il s'agit de les faire voyager et d'empêcher le ballottement, qui déplace le germe et le rend impropre à la reproduction.

On peut également les enduire d'une couche de graisse, de cire, de plâtre, de chaux. Enfin, une température froide est favorable à la conservation des œufs. Ils se gardent longtemps dans un cellier frais, dans une cave, etc. Quelquefois même on les fait geler artificiellement, pour les expédier ensuite dans cet état dans les pays lointains. A leur arrivée, suivant les besoins, on les fait dégeler dans l'eau froide, et ils sont excellents pour la consommation et souvent même pour la reproduction. Il arrive journellement, à Saint-Pétersbourg et dans d'autres grandes villes de la Russie, des quantités d'œufs ainsi conservés.

De tous les procédés enseignés jusqu'à ce jour pour la conservation des œufs, le plus efficace est incontestablement celui qui consiste à les enrober dans une couche de *paraffine*. Le procédé est aussi économique que simple, puisque avec un kilo de paraffine on enrobe 3,000 œufs.

La paraffine est une espèce de cire blanche très fine extraite des schistes bitumineux. On fait fondre cette cire, et il suffit d'enduire les œufs d'une couche très mince. Seulement il faut que les œufs soient frais, et qu'il n'y ait pas de vide à l'intérieur. A cette condition, ils se conservent parfaitement une année et plus, et sans contracter aucun goût étranger, comme les œufs entourés avec l'eau de chaux.

XXI.

L'Incubation.

Nous voici à l'époque où on doit s'occuper activement de renouveler, de repeupler sa basse-cour. Les habiles ménagères ont déjà de jeunes poussins; ce sont les premiers venus qui rapportent davantage parce que, à la fin de l'été, ils peuvent être livrés à la consommation et ils se vendent alors toujours plus cher.

L'incubation est le développement du fœtus dans l'œuf par la chaleur naturelle ou artificielle. Nous parlerons d'abord de la première méthode, plus pratique, plus à la portée de tout le monde.

Le succès dans l'éclosion et l'élevage des volailles dépend de deux causes principales : la fidélité de l'animal qui se prête à l'incubation et la qualité des œufs qu'on lui confie.

La poule est l'animal de basse-cour qui est le plus communément employée à la couvaison. Quand elle a pondu un certain nombre d'œufs, 18 à 20, elle glousse d'une manière particulière, elle est inquiète, ses plumes se hérissent, elle reste sur le nid et cherche à y revenir si on l'en déloge. Elle cesse de pondre, mange peu et maigrit, et si on n'arrête cette ardeur fébrile, elle demeure plusieurs jours dans cet état de surexcitation: elle désire couver. Si on ne veut pas lui laisser goûter les douceurs de la maternité, on peut lui faire passer facilement cette envie : on la plonge à différentes reprises dans l'eau froide, on la tient enfermée, sous un cuvier ou dans un endroit frais, très obscur. C'est l'affaire d'une journée. On a rarement besoin de prendre ce moyen ; car très peu de races de poules sont fidèles couveuses ; on aurait plus souvent besoin de les exciter à couver, plutôt que de les en empêcher.

Pour cela il faut choisir une poule jeune, à complexion forte, bien emplumée ; on lui donne des nourritures échauffantes : millet, chènevis, pain trempé dans du vin et un peu d'eau-de-vie ; on lui plume le dessous du ventre et on la flagelle avec une poignée d'ortie. On la place sur un nid rempli d'œufs, dans un appartement chaud, un peu sombre, éloigné de tout bruit, de toute commotion. Bientôt la couvée est adoptée et la poule ne se dérange que pour manger, jusqu'au moment de l'éclosion.

Parmi les bonnes couveuses nous signalerons la *poule commune* dont le plumage est jaune piqué de noir. Les *Dorkings*, les *Cochinchinoises*, les *Pavilly* sont les races qui doivent être préférées ; après une ponte hâtive et abondante, elles sont fidèles aux œufs qu'on leur confie et conduisent bien les petits poulets. La poule *Négresse*, la *Bentam*, la *Cayenne*, rendent aussi de grands services pour faire éclore et conduire les faisans et les perdrix.

La dinde est aussi précieuse pour l'incubation soit de ses propres œufs, soit des œufs d'oie ou de canard. Elle est tellement fidèle au couvoir qu'il faut la sortir du nid pour l'obliger à manger et à prendre un peu d'exercice. Il arrive même trop souvent que ces pauvres bêtes sont enlevées par le renard et autres carnassiers, quand elles couvent dans les haies, dans les bois, dans les céréales, à l'insu de la fermière. Mais elle est maladroite pour conduire les petits qu'elle a fait éclore; elle marche lourdement, sans attention, et les écrase.

L'oie couve bien aussi; mais elle a le défaut d'écraser parfois ses œufs; elle est lourde et maladroite.

Avant de confier des œufs à une couveuse quelques personnes les examinent à la lumière solaire et prétendent reconnaître s'ils sont bons à la reproduction, c'est-à-dire s'ils ont été ou non fécondés. D'autres croient pouvoir désigner les œufs qui donneront des coqs et ceux qui donneront des poules. Nous ne sommes pas de cette force. Des essais nombreux dont nous avons été témoins à l'Institut agricole, nous permettent d'affirmer que ce n'est que par la chaleur de l'incubation naturelle ou artificielle que l'on peut reconnaître s'ils sont bons ou mauvais. Au cinquième ou sixième jour on fait le mirage, c'est-à-dire que l'on place l'œuf entre l'œil et la lumière solaire ou celle d'une lampe; l'opérateur doit être dans un appartement sombre. Il voit alors les œufs non fécondés rester clairs, limpides, sans trouble apparent; les autres, au contraire, laissent apercevoir à l'une des extrémités un point opaque, une espèce de fil replié sur lui-même; c'est le germe ou embryon qui se développe. On enlève les œufs *clairs* pour les faire cuire et les donner à manger aux jeunes poussins.

Les lits des couveuses peuvent consister simplement en des amas de paille établis de distance en distance sur des brins de bois qui les garantissent de l'humidité. Quelquefois on se sert de caisses rectangulaires ou bien de paniers oblongs attachés au mur et appelés *couvoirs*. Peu importe leur forme; l'essentiel est de les placer dans un lieu sain et tranquille, un peu sombre; puis ne pas trop mettre de paille dans le nid; ne jamais se servir de foin; c'est un repaire d'insectes. Il faut lui donner des dimensions telles que la poule puisse l'embrasser avec ses plumes et ses ailes; ne pas le faire trop creux pour que les œufs soient facilement déplacés et retournés par la couveuse, du centre à la circonférence. Il est inutile et même dangereux de vouloir l'aider à faire cette besogne. Douze à quinze œufs suffisent pour une poule. Il ne faut pas s'inquiéter non plus si elle quitte le nid de temps en temps pour manger ou pour d'autres besoins naturels. Dès que ce temps ne dépasse pas vingt à trente minutes, il n'y a rien à craindre, au contraire, il est nécessaire que les œufs, surtout vers la fin de l'incubation, soient à découvert; l'air indispensable au jeune animal dans la coque se renouvelle et le rend vigoureux.

Le temps de l'incubation est différent suivant les espèces. Les œufs éclosent:

Poule, 21 jours;
Dinde, 30 jours;
Cane, 29 jours;
Oie, 30 jours;
Paonne, 31 jours;
Pintade, 29 jours;
Faisane, 23 à 27 jours;
Cygne, 40 à 42 jours.
Pigeon, 18 jours.

Quelle que soit la couveuse, il ne faut pas négliger de mettre à sa portée une nourriture abondante et de l'eau claire et saine.

Il faut bien se donner de garde d'aider la mère au moment de l'éclosion ou de la faire sortir trop vite du nid avec ses poussins. Son instinct naturel lui indique des moyens bien plus efficaces que les nôtres pour débarrasser les jeunes de leur coquille, les ressuyer, les réchauffer jusqu'au moment où elle leur montrera à prendre la première becquée.

Il est essentiel alors de donner à la couveuse fatiguée, une nourriture substantielle, fortifiante. Pour les jeunes poussins, il faut du millet, des œufs cuits durs, découpés en petits morceaux et mélangés avec des herbes fines, du pain trempé dans le vin, de la viande cuite, finement hachée, du lait caillé, etc. De l'eau très claire, dans des siphons ou dans des vases peu profonds pour que les petits poulets ne puissent se noyer est indispensable à la mère et aux poussins.

Les canetons et les oisillons sont à peine sortis de la coque qu'ils mangent et demandent l'élément liquide, l'eau de la mare ou d'un bassin naturel ou artificiel. Ce sont les animaux de basse-cour les plus faciles à élever.

Les dindonneaux viennent généralement très bien jusqu'au moment où pousse le *rouge*. Alors il faut augmenter les nourritures échauffantes : chènevis, sarrazin, œufs, viande avec orties et oignons hachés poivre ; ne pas les laisser aller à la pluie et au froid. Ce dernier point est capital pour les sauver.

Il ne faut pas oublier que la liberté, l'exercice, conviennent à toutes les jeunes volailles, sous la garde et la protection de leur mère. Tout en prenant des précautions contre les animaux ravisseurs ou les accidents des voitures, des chevaux, etc., si le temps est beau il vaut mieux laisser les couvées prendre leurs ébats dans la cour de ferme, dans le parc, etc., que de les enfermer dans des appartements clos.

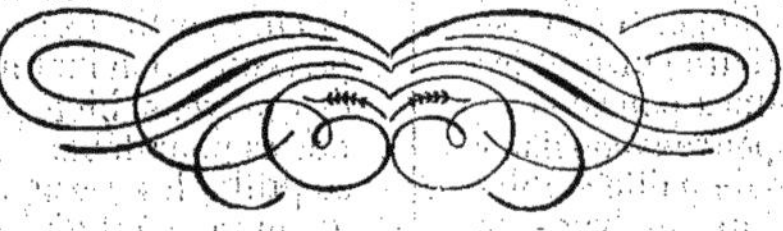

XXII.

Incubation artificielle.

Les Egyptiens et les Chinois ont de tout temps pratiqué l'incubation artificielle; mais leurs procédés très élémentaires n'ont jamais donné de résultats sérieux.

Depuis une vingtaine d'années, quelques infatigables chercheurs français ont enfin découvert des instruments pratiques au moyen desquels on obtient des poussins aussi facilement et plus économiquement que par le procédé ordinaire d'incubation; nous voulons parler des *couveuses artificielles*.

Aujourd'hui, c'est par centaines de mille que sont livrés au commerce des volatiles de toute espèce, de toute race, éclos dans des engins qui commencent à être très connus, très appréciés.

A Mantes (Seine-et-Oise), et dans les environs, cette industrie a pris d'énormes proportions. Les nombreuses récompenses obtenues par quelques éleveurs émérites, aux expositions et aux concours, prouvent la bonté des procédés mis en usage, et les services qu'ils ont rendus et qu'ils sont appelés à rendre dans l'avenir.

MM. Roullier et Arnoult, de Gambais (Seine-et-Oise), ont le mérite d'avoir, les premiers exploité en grand et rendu vraiment pratiques les instruments de MM. Carbonnier et Robert.

Ne connaissant que l'ancien mode naturel d'incubation, le pratiquant sur une vaste échelle pour occuper utilement leurs loisirs forcés, un beau jour, quarante dindes couveuses sur soixante périssent sur des œufs qui allaient prochainement éclore; les poulets étaient vendus d'avance. Les œufs sont placés entre deux édredons; on entretient leur chaleur avec des bouteilles d'eau chaude; les poulets éclosent parfaitement, et la livraison peut se faire au jour promis; treize œufs de perdrix avaient été ajoutés, douze perdreaux en sortent pleins de vie. Encouragés par un tel succès, MM. Roullier et Arnoult s'informent s'il n'existe pas d'instruments pour arriver plus facilement au même résultat. On leur indique les couveuses, très imparfaites de MM. Carbonnier et Robert. Malgré les soins et les attentions minutieuses, ils n'eurent pas lieu d'être satisfaits de ces engins. Ils cherchent, ils perfectionnent, et arrivent enfin à fabriquer la couveuse qui porte leur nom. En 1875, du 1er octobre au 30 novembre, l'établissement de Gambais livre 13,000 poulets; aujourd'hui ce nombre est quintuplé.

Vingt-deux couveuses d'un système perfectionné fonctionnent aujourd'hui chez M. Voitellier, à Mantes. On trouve encore de ces appareils à Autun, chez M. Barillot et chez M. Lagrange. A Paris, aux kiosques tournants, on vend des couveuses chauffées au gaz, d'autres chauffées au charbon.

Nous n'entreprendrons pas de décrire ces instruments, de faire voir la différence entre tel système ou tel autre; la place nous fait défaut. D'ailleurs, beaucoup de lecteurs du *Journal de l'Oise* connaissent parfaitement ces divers engins. Quant à ceux qui auraient le désir de les étudier, nous croyons que le concours de Beauvais leur fournira une bonne occasion à cet égard. Il y a aussi dans le département beaucoup de personnes qui emploient la couveuse artificielle avec plus ou moins de succès. A la ferme de l'Institut, une de 200 œufs fonctionne une partie de l'année et donne des résultats satisfaisants.

Résumons ici les conditions exigées pour la réussite dans cette intéressante industrie:

1° La couveuse doit être placée dans un

appartement sombre plutôt qu'éclairé, au rez-de-chaussée, à température uniforme, pouvant être facilement aéré, où il n'y a jamais de fortes et brusques commotions;

2° Avoir un thermomètre qui marque bien; entretenir constamment la température de 39 à 40 degrés dans la couveuse. Pour cela, ne pas se baser sur la quantité d'eau ou de gaz indiquée, comme moyenne, par les fabricants, mais s'en tenir exactement aux indications du thermomètre. En effet, quand l'incubation est avancée et que la couveuse renferme un grand nombre d'œufs, les poussins développent une grande partie de la chaleur normale que l'on devait fournir à des heures régulières au commencement.

3° Retourner régulièrement les œufs deux fois par jour et les déplacer du centre aux bords des tiroirs. Ne pas craindre de les exposer à l'air pendant cette opération, cela leur est indispensable. Au cinquième ou au sixième jour, les mirer avec soin; mettre de côté ceux qui sont clairs. A la fin de l'incubation, retirer ceux dans lesquels le poussin serait mort. Au moment de l'éclosion, mettre le côté becqueté des œufs en haut, pour que le petit animal puisse continuer à briser sa coquille à l'aise et ne soit pas étouffé. Il est convenable de laisser les poussins douze à vingt-quatre heures se ressuyer dans la *sécheuse* (espace qui se trouve à la partie supérieure). Il faut les placer ensuite dans la *mère-éleveuse*, espèce de caisse carrée renfermant un réservoir en zinc de même forme, pour contenir l'eau chaude. Le tout est sur des pieds ou supports, de manière à laisser entre l'instrument et le sol un espace libre de dix à quinze centimètres. Le dessous du réservoir est capitonné de drap, de fragments de couvertures destinés à remplacer, pour les jeunes poussins, les plumes soyeuses de leur mère.

4° Enfin, un point capital est de donner à ces petites bêtes une nourriture substantielle et saine : de la mie de pain trempée dans du vin, des œufs, du millet; puis une pâté faite avec du lait, de la farine d'orge, du riz cuit; la faire aussi épaisse que possible et la mettre sur des billots coniques de 10 à 15 centimètres de hauteur. Ajouter de temps en temps des herbes fines hâchées.

Plusieurs personnes se demandent encore s'il y a réel avantage à se servir de ces nouveaux procédés pour l'incubation. Nous répondons : 1° Par ce moyen on peut avoir des éclosions à toutes les époques de l'année. Pour s'en convaincre, il suffit d'aller visiter le concours annuel du Palais de l'industrie. On verra, dans les galeries, en janvier et février, des multitudes de petits poussins qui éclosent journellement dans les incubateurs Voitellier, Arnoult, etc.

2° On peut faire couver ainsi les œufs de toutes les espèces gallines entretenues dans la basse-cour.

3° Avec un peu de soin on obtient facilement 50, 60 et même 80 p. 0|0 de jeunes poulets bien vigoureux. Cela dépend évidemment beaucoup de la qualité des œufs. Avec une éclosion de 50 p. 0|0 on est à peu près dans les mêmes conditions que pour le procédé naturel. En effet, pour couver cent œufs dans les conditions normales, il ne faut pas moins de sept poules, qui, ne pondant pas pendant un mois et demi, font perdre environ vingt œufs en moyenne, soit en tout *cent quarante œufs*. Les couveuses naturelles cassent souvent des œufs; plusieurs les abandonnent; elles écrasent aussi les petits au moment de l'éclosion; les meilleures se fatiguent et s'usent à tous les soins de la maternité. Tous ces inconvénients n'existent pas dans les procédés que nous avons sommairement décrits.

Quelques personnes ont cru remarquer que les poussins venus ainsi artificiellement ne sont jamais aussi vigoureux que les autres, gagnent certaines maladies; les exemples ne sont pas assez nombreux pour conclure contre ce système. D'ailleurs, ces accidents dépendent beaucoup des soins donnés aux sujets dans le premier âge.

XXIII.

De l'Elevage dans l'Espèce Bovine.

Les pouvoirs publics entraînés par un courant d'opinions d'autant plus irrésistible que les élections approchent, ont enfin reconnu l'existence d'une crise agricole et s'en sont préoccupés. Après de longues et orageuses discussions entre libres-échangistes et protectionnistes, quelques droits protecteurs ont été votés par les deux Chambres. Malgré leur insuffisance, nous pensons que ces droits sur les denrées étrangères, et notamment sur le bétail, auront pour effet, dans un temps plus ou moins éloigné, d'amener la hausse sur les produits similaires français, et prêluderont ainsi à l'ère de prospérité agricole après laquelle soupirent tant d'honnêtes et courageux travailleurs.

Le bétail, avons-nous dit précédemment, entre pour une large part dans les diverses combinaisons agricoles qui ont pour but essentiel le *profit*. Les besoins de la consommation exigent un certain nombre de têtes de chacune de nos espèces animales. Or, depuis quinze ou vingt ans nous en recevons un tiers de l'étranger. L'élevage en France a diminué dans des proportions considérables. Les contrées où l'on produisait en surabondance ont aussi recours aux bêtes d'importation étrangère. Les cultivateurs de notre région savent fort bien que certaines foires de nos environs sont peuplées d'animaux de races hollandaise, flamande, non élevés dans notre contrée. Ils trouvent plus commode et plus économique sans doute, d'acheter à Saint-Just et ailleurs des *beudons* de différents âges. Quelques-uns même n'ont pas hésité à aller jusqu'en Belgique et en Hollande pour repeupler leurs étables.

Même pénurie pour les bêtes d'embouche. Que de fois, dans le cours de cette année, n'avons-nous pas entendu des cultivateurs se plaindre amèrement de ne pas trouver d'animaux pour mettre à l'engrais, ou de se voir obligés de les payer des prix exorbitants.

Il nous semble que dans les conditions nouvelles, par suite des surtaxes sur le bétail, il doit y avoir avantage, pour un bon nombre d'agriculteurs français, de reprendre l'élevage de l'espèce bovine ; mais il faut renoncer à la routine ancienne dans cette spéculation, comme dans beaucoup d'autres, afin d'arriver à rendre cet élevage vraiment lucratif.

Les jeunes bêtes hollandaises et flamandes, de l'âge de six mois à un an, importées en France, se sont vendues 140, 150, 170 et plus, avant l'hiver ; elles vont encore certainement renchérir. Ne pouvons-nous obtenir de bons animaux, élevés chez nous, à des prix inférieurs et par conséquent défier la concurrence? Nous pensons que oui.

Donner à un veau, pendant deux et trois mois, 10 à 15 litres de lait pur, pouvant être vendu 12 à 15 centimes, est évidemment peu lucratif pour celui qui peut se procurer au marché une bonne bête tout élevée, au prix de 140 à 150 fr. Aussi la plupart des cultivateurs nourrissent abondamment les veaux pendant six semaines à deux mois et les vendent gras, 120 à 130 fr. ; c'est de l'argent qui rentre immédiatement.

Mais si par une alimentation économique on élève un bon animal jusqu'à six à douze mois pour 150 à 170 fr., c'est plus avantageux que d'acheter en foire une bête étrangère de même âge 160 à 180 fr. et peut-être plus... Pourtant il est nécessaire de temps en temps de faire des acquisitions de provenance étrangère pour renouveler le sang. Dans ce cas il faut choisir de vrais types reproducteurs, au risque même de les payer un peu cher. Expliquons en peu de mots comment nous entendons cet élevage.

Inutile tout d'abord de s'adonner à cette spéculation si on ne possède des prairies dans lesquelles les jeunes animaux puissent trouver leur nourriture à partir du quatrième ou du cinquième mois. Il ne faut garder que des veaux d'une bonne origine, ayant la tête légère, la croupe, le dos, les reins larges, la poitrine ample, les épaules et les cuisses longues et larges. Il faut donner des nourritures qui tout en maintenant l'animal dans un bon état de chair favorisent le développement des membres et de toutes les parties du corps. Celle par laquelle on doit toujours commencer est le lait. Au bout de quelques jours, ce lait est coupé avec de l'eau tiède. Dès la troisième semaine on diminue la proportion de ce liquide et on peut le remplacer par des farines de maïs, d'avoine, d'orge, de sarrasin, de fève, etc., en augmentant la quantité avec l'âge de l'animal. On peut ajouter à ces substances du bouillon de graine de lin, des soupes au riz.

Le bouillon de foin de bonne qualité est excellent, mélangé avec du lait écrémé, pendant le premier mois. On peut le continuer avec les farineux jusqu'au moment où le jeune sujet mange bien l'herbe ou le fourrage sec. En été, dès le deuxième ou le troisième mois, on met les veaux à la pâture, tout en leur donnant encore des buvées blanches deux fois par jour. Enfin à partir du cinquième ou du sixième mois, la bonne herbe leur suffit. En hiver, dès le troisième mois, on donne du foin tendre de bonne qualité, des betteraves hachées, des buvées de son de tourteaux ou de maïs deux fois par jour.

Dans les industries fromagères ou beurrières, on possède des résidus qui permettent l'élevage économique. Tout dernièrement encore, nous avons vu chez M. le marquis de Corberon, à Troissereux, et chez d'autres éleveurs, de jeunes bêtes de très belle venue, nourries exclusivement avec le lait écrémé au moyen de la turbine Leval. C'est ainsi que dans la plupart des fermes normandes, où l'on fabrique le beurre, on élève les veaux qui deviennent plus tard des bêtes à grand profit.

Voici une méthode suivie en Amérique: au bout de 3 mois, les veaux sont séparés de leur mère, et ils reçoivent seulement un litre de lait chaud en mélange avec un litre de farine d'orge et d'avoine bouillie dans 12 litres d'eau. A deux mois on donne des nourritures vertes ou sèches, suivant la saison, et on diminue graduellement la première ration.

Voici une ration qui nous semble économique et qui a donné les meilleurs résultats.

1re semaine, lait écrémé, 10 litres.

2e et 3e semaine, lait écrémé, 5 litres; bouillon de foin de farine d'orge, 12 litres.

4e semaine, à trois mois, lait écrémé, 3 litres; bouillon mélangé obtenu soit avec orge, avoine, maïs, tourteau, 15 litres en trois repas.

De trois à cinq mois, fourrages variés, avec buvées composées de farines de son, orge, avoine, maïs, 12 litres en deux fois. Toutes ces rations distribuées régulièrement et proportionnellement à l'âge de l'animal, sont beaucoup plus économique que le lait pur et suffisent pour constituer une bonne bête. On obtient ainsi des animaux à forte charpente, à tempérament robuste et dont le prix de revient peut défier tous nos concurrents étrangers.

TABLE.

PAGES.

BEAUVAIS. — IMPRIMERIE D. PERE, RUE SAINT-JEAN.

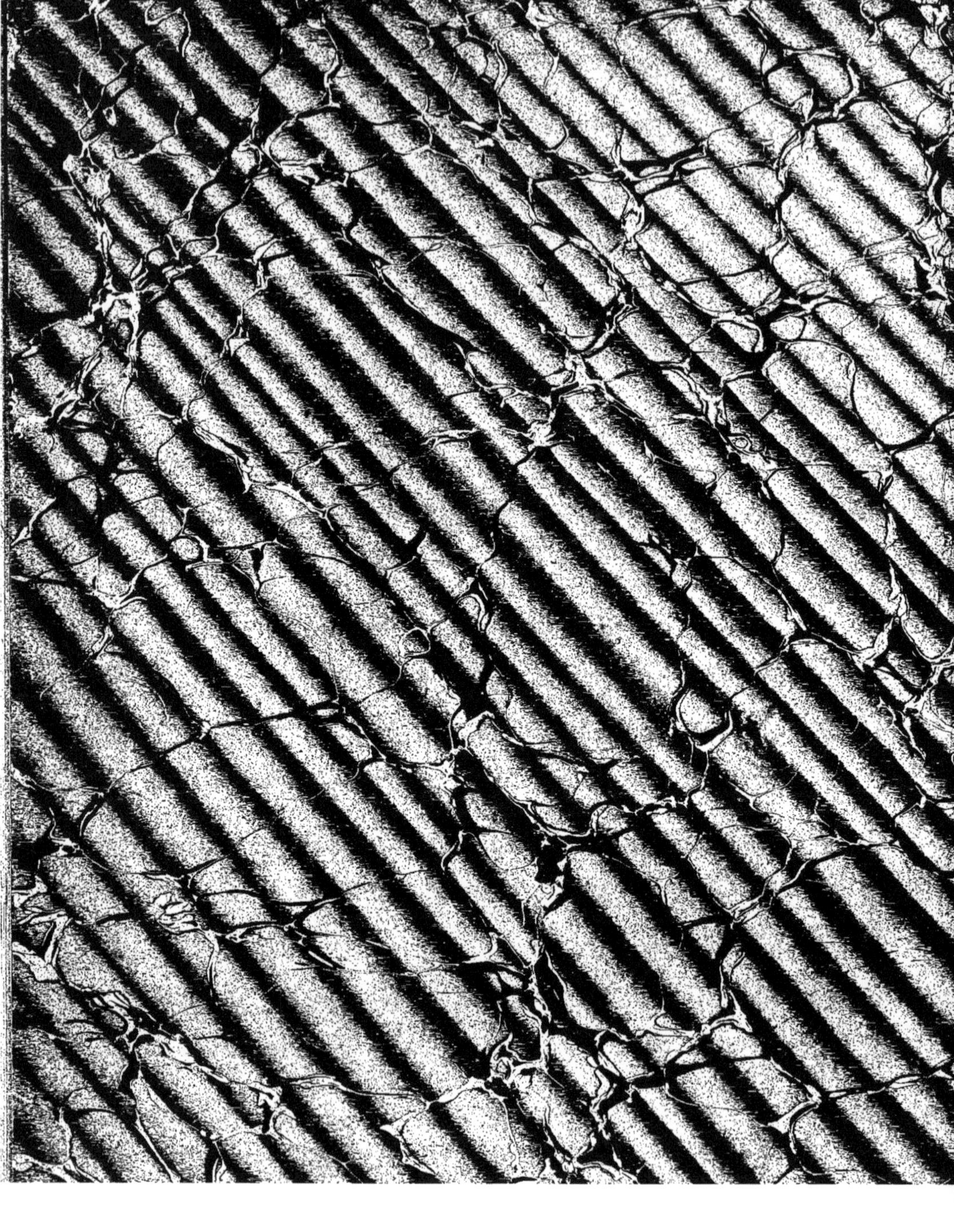

www.ingramcontent.com/pod-product-compliance
Ingram Content Group UK Ltd.
Pitfield, Milton Keynes, MK11 3LW, UK
UKHW012230240726
13966UKWH00003B/1047